엄마가 될
너에게

아이가 노는 게 불안한 엄마들에게 전하는
소아정신과 의사의 놀이 성장 비법

엄마가 될 너에게

신동원 지음

흐름출판

엄마가 될 너에게

초판 1쇄 인쇄 2019년 2월 19일
초판 1쇄 발행 2019년 3월 1일

지은이 신동원
펴낸이 유정연

주간 백지선
책임편집 김경애 **기획편집** 장보금 신성식 조현주 김수진 **디자인** 안수진 김소진
마케팅 임충진 임우열 이다영 김보미 **제작** 임정호 **경영지원** 전선영

펴낸곳 흐름출판(주) **출판등록** 제313-2003-199호(2003년 5월 28일)
주소 서울시 마포구 홍익로5길 59, 2층(서교동, 남성빌딩)
전화 (02)325-4944 **팩스** (02)325-4945 **이메일** book@hbooks.co.kr
홈페이지 http://www.nwmedia.co.kr **블로그** blog.naver.com/nextwave7
출력·인쇄·제본 (주)상지사 **용지** 월드페이퍼(주) **후가공** (주)이지앤비(특허 제10-1081185호)
ISBN 978-89-6596-302-8 13590

이 도서의 국립중앙도서관 출판예정도서목록(CIP)은 서지정보유통지원시스템 홈페이지(http://seoji.nl.go.kr)와 국가자료공동목록시스템(http://www.nl.go.kr/kolisnet)에서 이용하실 수 있습니다.(CIP제어번호: CIP2019005064)

"네가 찾아온 걸 알았던

그 순간의 떨림을 아직도 잊을 수 없단다.

넌 인생이 내게 보내준 가장 큰 선물이었어.

소중하단 말로는 부족한 내 딸 지영아,

나는 네가 나보다 더 좋은 엄마가 되길 바란단다."

서문

부모가 처음일 너에게

지영아, 몇 년 후면 너도 결혼해서 아이를 낳겠지. 병원을 찾아오는 젊은 엄마들을 볼 때면 네 생각부터 난단다. 우리 딸도 언젠가 자식을 낳아 기를 텐데, 잘 키울 수 있을까? 혹시라도 문제가 생기면 어떡하지? 소아정신과 의사라 그런지 지레 걱정부터 든단다.

소중한 내 딸 지영아, 돌이켜보면 너를 낳았을 때, 엄마도 모든 게 서툴기만 한 초보 엄마였어. 소아정신과 의사이다 보니 아이를 키우며 다양한 고민을 하는 엄마들을 수없이 상담해주기는 했지만, 나 역시 너를 키우며 매 순간 고민을 거듭했단다. 병원에 찾아오는 엄마들에게는 아이와 가능한 한 많이 놀아주는 게 최고의 육아법이라고 말했지만, 막상 놀이터에서 노는 네 모습을 보면 너만 뒤처지는 건 아닌가 싶어 은근히 불안해졌어. 그때 생각했단다. 나도 어쩔 수 없는 엄마구나.

얼마 전 네 오빠 지상이가 말하더구나. "엄마, 나는 나중에 내 아이를 키울 때 다른 건 몰라도 해가 지면 집에서 책을 읽힐 거야." 지상이의 말을 듣고 엄마는 말문이 막혔단다. 그렇게 자랄 지상이의 아이가 걱정되는데, 그런 엄마의 마음을 어떻게 이야기해야 할지 막막하더구나. 물론 책 읽는 건 중요하지. 그런데 아이가 책만 읽는다고 훌륭하게 성장할까?

지상이의 이야기 때문에 엄마는 이 책을 쓸 결심을 하게 됐단다. 대학생인 지상이가 벌써부터 아이를 잘 키우려고 고민을 하고 있는데, 나도 당연히 거들어야 하지 않겠니? 내가 너희들을 키웠던 것 이상으로 너희들이 부모가 됐을 때 아이를 잘 키우도록 도와야겠다는 생각이 들었어. 누구나 부모는 처음이란다. 당연히 쉬울 리 없지. 부모가 되는 것 또한 공부가 필요하단다.

엄마는 너와 지상이 두 아이를 키운 엄마이면서 20년 동안 소아정신과 의사로 진료실에서 아이들을 만나왔어. 아이들이 노는 것을 관찰하면서 아이의 언어와 인지, 정서, 사회성 등 다양한 발달 과정을 진단해왔단다. 너를 포함해 수많은 아이들의 놀이를 지켜보면서 엄마가 깨달은 중요한 것이 있단다. 바로 아이들의 놀이가 아이들의 얼굴만큼이나 다양하고 개성 넘친다는 거야. 머리부터 발끝까지 모두 똑같이 생긴 아이가 하나도 없듯, 그 많은 아이들 중 단 한 명도 똑같이 노는 아이가 없더구나.

모두 잘 아는 위인들의 놀이를 예로 들어볼까? 오바마의 현인, 투자의 귀재라는 별명으로 불리는 세계 최고 부자 가운데 한 사람인 워런 버핏은 어릴 때부터 숫자와 돈 계산에 밝았어. 8살 때 그의 놀이는 동네 가게를 돌면서 가게 앞 쓰레기통에 버려진 병뚜껑을 모으는 것이었단다. 병뚜껑을 세보면서 그 가게에서 잘 팔리는 음료수의 종류를 알아내곤 했지. 동물행동학자이자 환경운동가로 명성을 날린 제인 구달은 6살 때 닭이 알을 낳는 것을 보기 위해 5시간도 넘게 덤불 속에 몸을 감추고 닭을 관찰했다고 해. 힐러리 클린턴은 어린 시절 경찰놀이, 숨바꼭질, 술래잡기를 하면서 신나게 놀았는데 골목대장을 도맡았다고 하더구나. 치열한 승부 근성과 리더가 되고 싶은 욕구가 10살도 되기 전에 이미 놀이에서 나타났던 거지. 방송인 오프라 윈프리는 극빈층 미혼모에게서 태어났지만 세계에서 손꼽히는 억만장자가 될 만큼 부를 일궜을 뿐만 아니라, 세계에서 가장 영향력 있는 여성으로 꼽히지. 그녀는 어떻게 놀았을까? 오프라 윈프리는 10살도 되기 전부터 사람들 앞에서 말하기를 즐겨서 관심과 칭찬을 한 몸에 받았어. 특히 예쁜 옷을 입고 사람들 앞에 나서는 것을 좋아했단다. 될성부른 나무는 떡잎부터 알아본다는 속담처럼 위인들의 어린 시절 놀이를 살펴보면 그들의 장대한 미래를 엿볼 수 있어.

그런데 어린 시절 놀이가 위인들만 남다른 걸까? 엄마는 그렇게 생각하지 않아. 그들의 어린 시절이 특히 주목받는 이유는 대부분의 사람과 달리 어린 시절 놀이에 대한 기록이 남아 있기 때문일 뿐이라고 생각해. 모든 아이의 놀이는 남다르단다. 탁월하다는 것은 상대적인 평가일 뿐이야. 가장 큰 경쟁력은 결국 나다움, 나만의 특별함이란다. 그 특별함은 아주 어릴 때부터 모든 아이의 놀이에서 드러나지. 그것을 알아보고 키워주는 것이 바로 부모의 역할이란다. 지영아, 너와 네 오빠의 놀이도 매우 특별했어. 돌이켜보면 어릴 때 노는 것만으로도 너희들의 지금 모습을 어느 정도 짐작할 수 있었겠다는 생각이 들 정도란다. 과학도의 길을 가는 지상이는 어렸을 때 작동하는 장난감을 가지고 어떻게 움직이는지 궁금해하고 이리저리 실험을 해보곤 했었어. 사회적 기업이나 컨설팅 관련 일을 하며 사람들의 성장을 돕고 싶어 하는 지영이는 어렸을 때 인형들을 돌보며 놀곤 했었지. 이처럼 아이들의 놀이를 자세히 보면 아이들의 미래가 보인단다.

엄마는 소아정신과 의사로서 아이들이 노는 모습뿐만 아니라 아이와 같이 놀아주는 부모의 모습을 함께 관찰하면서 놀라운 사실을 발견했단다. 열의는 있지만 이해가 부족해서 본의 아니게 아이의 놀이를 방해하고 결과적으로 아이의 발달을 저해하는 부모가 생각보다 많다는 거였어. 놀아본 사람이 놀아줄 줄 아는데, 요즘 우리 사회는 노는 것에 관대하지 않잖니? 놀고 있네, 노는 사람, 집에서 놀아 등 '놀다'라는 표현이 들어가 있는 우리말을 생각해보렴. 논다는 말에는 우리나라 사람들 특유의 부정적인 의미가 배어 있어. 그러나 잘 놀고 푹 쉬는 것도 열심히 일하는 것만큼 중요해. 사람들은 흔히 사고의 균형을 잃고, 실패한 이유를 더 열심히 일하지 않은 데서 찾아. 그런데 한번 생각해보렴. 잘 놀지 못해서, 잘 쉬지 못해서 실패한 건 아닐까?

소아정신과 의사로서 사람들을 살펴보니 '열심히 콤플렉스'는 생각보다 깊은 곳에 뿌리박혀서 우리의 행동을 감시하고 있는 것 같았어. 즐겁게 놀다가도 '이렇게 놀아도 되나?' 하는 불안감이 슬며시 고개를 들지. 부모가 맘껏 놀아보지 못했으니 아이들에게 맘껏 노는 것을 가르치는 것이 쉽지 않은 건 당연한 일 아닐까? 말로는 실컷 놀라고 하면서도 정작 실컷 노는 아이를 보면 "그렇게 놀기만 하면 어떡하니?"라고 무심결에 한마디 던져 잘 노는 아이를 움츠리게 만드는 부모를 흔히 볼 수 있어.

서점에 가서 육아 코너를 한번 둘러보렴. 하루 세끼 무엇을 어떻게 먹일까에 대한 안내서는 많아도 아이들과 바르게 놀아주는 방법을 알려주는 책은 의외로 적단다. 엄마는 네가 이 책을 읽고 '놀이의 중요성'을 깨달았으면 해. 우리나라처럼 교육열이 높은 나라는 전 세계를 둘러봐도 별로 없잖니? 이런 교육

열은 아이들을 어렸을 때부터 공부라는 오지로 몰게 하지. 그러나 단순한 학습은 결코 아이의 뇌를 성장시키지 않는단다. 이 책을 통해 '놀이'가 아이들의 성장에 어떤 의미를 갖는지, 얼마만큼 중요한지 알았으면 좋겠어. 아울러 어떻게 아이들과 놀아주어야 할지 깨닫고, 놀이를 통해 아이의 미래를 키워주는 방법을 찾았으면 좋겠구나. 그래서 네 아이, 나의 손주가 될 그 아이가 실컷 놀면서 자신만의 특별함을 키우고 놀이와 일 사이의 균형을 갖춘 행복한 어른으로 자라기를 진심으로 바란다.

이 책을 덮었을 때 더 이상 아이가 노는 모습에 불안해하지 않는 현명한 엄마가 되길 바라며, 미래의 엄마가 될 모든 딸들에게 이 책을 선물한다.

소아정신과 의사이자 지상이 지영이의 엄마

신동원

차례

1장

아이가 놀면
엄마는 불안하다

아이들은 놀면서
뇌를 개발시킨단다.

우리 아이만 놀고 있는 것은 아닐까?

얼마 전 5살짜리 아이가 하루에 3시간씩 공부를 한다는 내용의 기사를 봤어. 심지어 2살배기 아이도 하루에 1시간씩 공부를 한다는구나. 엄마는 그 기사를 보면서 어린아이들이 마음껏 놀지도 못하고 공부에 찌들어 산다는 게 놀랍기도 하고 안쓰럽기도 했어. 다른 한편으로 어린아이를 키우는 부모들을 불안하게 만드는 기사라는 생각도 들더구나. 다른 집 애들은 이렇게 열심히 공부하는데 우리 애만 놀고 있는 것 아닌가 하는 불안 말이야.

생각해보면 네가 어렸을 때 엄마도 그랬던 것 같아. "우리 애는 이런 것도 배우고 있어요. 이런 것은 꼭 가르쳐야 초등학교에 입학해서 뒤처지지 않는대요. 지영이는 아직도 시작 안 했나요?" 이런 말을 들으면 불안해져서 자의 반 타의 반으로 너를 학원에 데리고 가 새로운 것을 배우게 했지.

네가 5살 때인가, 동네 발레 학원에 데리고 갔어. 당시 너는 통통한 편이었는데 분홍색 발레복을 입혀놨더니 배만 볼록 나온 모습이 귀여워 웃음이 나면서도 한편으로는 과연 네가 발레를 잘할 수 있을까 걱정도 되었단다. 아니나 다를까 다른 아이들이 음악에 맞춰 무용을 하는데 너는 바닥에 깔아놓은 요가 매트에 눕더니 매트를 김밥처럼 돌돌 말며 놀았어. 이건 아니다 싶더구나. 관심도 없는 너를 계속 발레 학원에 보내는 것은 무리인 것 같아 그만두게 했지. 어린이집 여름방학을 끼고 2달 동안 원어민 영어 종일반을 보낸 적도 있어. 그런데 너는 2달이 지나도록 알파벳도 잘 읽지 못했어. 거금을 들여 보낸 학원이었는데 성과가 없었지. 말이 느렸던 너는 글을 익히는 것도 느린 편이었는데, 거기에 영어까지 가르쳤으니 당연히 어려웠을 거야. 엄마는 너에게 더 많은 것을 가르쳐서 더 많은 것을 알 기회를 주고 싶었어. 하지만 엄마 마음대로 되지 않더라.

네가 초등학교 3학년 때였을 거야. 너를 데리고 처음 수학 학원에 갔는데 접수처 직원이 다른 애들은 이미 오래전부터 공부를 해왔기 때문에 중간에 들어가면 진도를 따라가지 못할 거라며, 지금 현재로선 네가 들어갈 반이 없다고 그러더구나. 따라

가지 못할 정도로 다른 아이들의 진도가 앞서 있다는 말을 듣고 엄마는 많이 당황했단다. '그동안 내가 지영이를 너무 놀렸나? 다른 학원에서도 받아주지 않으면 어쩌지? 지영이가 학교 공부를 못 따라가고 있는 것은 아닐까?' 그날 밤 엄마는 걱정 반 후회 반으로 잠을 이루지 못했단다.

그날 이후 엄마는 네 진도에 맞는 반이 있는 학원을 찾아 여기저기 돌아다녔어. 겨우 시간표를 맞춰서 국어, 영어, 수학 학원을 모두 보낼 수 있었어. 그전까지 노느라 바빴던 너는 갑자기 학원에 다니고 숙제를 하느라 놀 시간이 없어졌지. 그렇게 몇 달을 보냈을까, 네 담임 선생님이 나를 부르더라. 네 일기장에 죽고 싶다는 말이 써 있던데 혹시 아느냐고 물었어. 엄마는 가슴이 철렁했단다. 진료실에서 봐온 수많은 아이들처럼 사랑하는 내 아이 지영이가 죽고 싶다는 생각을 했다니. 등잔 밑이 어둡다고 난 왜 네가 그렇게 괴로워하는 것을 눈치채지 못했을까?

그때서야 엄마는 네가 학원에 다니는 게 너무 힘들다고 말했던 게 생각났어. 그런데 엄마는 힘들어도 해야 하지 않겠느냐고, 지금 학원을 그만두면 뒤처져서 네가 다닐 학원이 없을 수도 있다고 말했지. 네가 수긍하길래 힘들지만 참고 학원을 다니기로 마음먹은 거라고 생각했어. 엄마는 단지 엄마의 의견을 말했을 뿐이지만 네게는 강요처럼 느껴졌던 거지. 나에게 상담을 청하는 엄마들에게 나는 항상 아이의 말에 귀를 기울이라고 이야기 했어. 그랬던 내가 정작 사랑하는 내 딸의 이야기는 귓등으로 들었다니, 자괴감과 자책으로 마음이 너무 아팠단다.

엄마는 당장 네가 다니던 학원들과 학습지를 다 끊었어. 그러곤 네가 좋아하던 태권도만 다니게 했지. 그렇게 실컷 놀게 하니 얼마 지나지 않아 명랑한 내 딸 지영이의 모습으로 돌아오더구나. 행복해하는 네 얼굴을 보면서 학원을 다 끊기를 잘했다는 생각이 들었어. 그런데 시간이 지날수록 슬슬 불안해지기 시작했어. 다시 학원에 가기로 마음먹었을 때 진도가 너무 떨어져서 받아주는 학원이 없는 것은 아닐까? 우리 지영이만 놀고 있는 것은 아닐까? 실컷 놀리겠다고 마음먹었지만, 찾아오는 불안감을 모른 척할 수 없었어. 다시 공부를 시키자니 네가 스트레스를 받을까 봐 걱정됐고. 엄마는 이러지도 못하고 저러지도 못하고 매일 밤 좌불안석이 되어 깊은 고민에 빠졌단다.

반면 네 오빠 지상이는 워낙 자기 주장과 고집이 센 아이여서 억지로 공부를 시킬 수 없었어. 4살 때부터 다니던 영어 학원은 좋아라 하면서 잘 다녔는데, 그 학원 말고는 학습지건 학원이건 꾸준히 시킬 수 있는 게 없었어. 매일 놀기만 하는 지상이를 지켜보는 건 정말 힘든 일이었단다. 머릿속으로는 인내심을 갖고 지켜봐야지 하면서도 불안한 건 어쩔 수 없었단다. 중이 제 머리 못 깎는다고 진료실 밖을 나와 엄마가 되어 있을 땐 나도 여느 평범한 엄마들과 다르지 않았던 거지.

그런데 지금 돌이켜보면 불안해할 이유가 하나도 없었다는 생각이 드는구나. 아이들은 놀면서 중요한 것을 다 배운단다. 갓 태어난 아기들은 할 줄 아는 게 거의 없어. 걷지도 못하고 말하지도 못하고 엄마도 못 알아보잖니? 그러던 아이가 돌 무렵이 되면 혼자서 걷기 시작하고 말도 한두 마디씩 하지. 엄마가 없으면 엄마를 찾아 두리번거리고, 그러다 엄마를 보면 활짝 웃기도 해. 이렇듯 아이들은 자연스럽게 발달해간단다. 운동능력, 언어능력, 감정 조절 능력, 대소변 조절 능력 등 다양한 면이 동시다발적으로 발달해. 아이들의 뇌는 어른들이 상상하는 것보다 훨씬 빠른 속도로 많은 것을 배워나가지.

아이들이 무엇을 가장 빨리 배우는지 아니? 아이들은 재미있는 것을 가장 빨리 배운단다. 그런데 재미는 언제 어떤 상황에서 느끼는 걸까? 아이의 뇌는 자신의 수준에 맞는 놀이를 할 때 가장 큰 재미를 느껴. 세 돌짜리 아이는 딸랑이를 줘도 흥미를 보이지 않아. 그러나 한창 팔의 근력을 키우고 청각 신경을 발달시켜야 하는 6개월짜리 아이는 딸랑이를 주면 좋아라 하며 열심히 흔들어댄단다. 굳이 가르치려고 들지 않아도 아이는 자신에게 필요한 것이 무엇인지 알아. 아이들은 재미있게 놀면서 뇌를 발달시킨단다.

'철희는 희야보다 크고 병구보다 작다. 누가 제일 클까?' 이것이 시험 문제라면 부모들은 눈에 불을 켜고 아이를 가르치려고 할 거야. 앉혀놓고 설명하고, 못 알아들으면 다시 설명하고, 그래도 틀리면 큰 소리를 낼 테지. 가르치는 엄마나 배우는 아이나 당연히 스트레스를 받을 수밖에 없어. 그런데 말이야, 아이들의 놀이를 가만히 지켜보면 아이들은 놀면서 개념을 익히고 있는 것을 알 수 있단다.

진주와 신아의 놀이를 살펴보자.

진주 신아야, 0에서 50 사이의 숫자 중 하나만 생각해봐. 나한테는 말하지 말고.

신아 생각했어.

진주 20보다 커? 작아?

신아 커.

진주 30보다 커? 작아?

신아 작아.

진주 (속으로, 그럼 20보다 크고 30보다 작네.) 25보다 커? 작아?

신아 작아.

진주 23?

신아 맞았어. 네 번 만에 맞혔네. 난 저번에 세 번 만에 맞혔으니 내가 이긴 거야.

진주와 신아는 놀이를 하면서 수에 대한 추론능력을 기르고 있어. 놀이로 아이들의 뇌가 개발되고 있는 거지.

놀이의 가장 놀라운 힘은 무엇보다도 모든 것을 즐겁게 배울 수 있다는 거야. 엄마는 네가 이런 놀이의 힘을 알고 잘 활용할 수 있었으면 한단다. 그래서 네 아이들이 숨겨진 능력을 즐겁게 발견하고 행복하게 자랐으면 좋겠구나.

실컷 놀라더니 아직도 노느냐고 묻는 엄마

…

지영아, 너는 어렸을 때부터 참을성이 많은 아이였어. 웬만큼 아파도 아픈 내색을 하지 않았지. 아파도 좀처럼 보채거나 울지 않았어. 그런 네가 대견스럽기도 했지만 때로는 감각이 무딘 게 아닌가 걱정될 정도였단다. 네가 6살쯤 되었을 때였어. 소파에 누워서 잠만 자는 널 밥 먹으라고 깨웠지. 그런데 네 몸이 불덩이처럼 뜨거운 거야. 깜짝 놀라 열을 재봤더니 체온이 너무 높았어. 그제서야 해열제를 먹이고 얼음 찜질을 했단다. 그 와중에도 너는 짜증 한번 내지 않고 그냥 가만히 있었어. 그런 네가 얼마나 안쓰럽던지.

다행히 열은 금방 내려서 다음 날은 더 이상 열이 나지 않았어. 하지만 엄마는 걱정이 돼서 어린이집에 가지 말고 집에서 쉬라고 했지. 퇴근 후 돌아와보니 너는 다시 생생해져서 잘 놀고 있었어. 얼마나 안심되던지. 잘 노는 너를 보는데, 문득 다음 날 학습지 선생님이 오신다는 게 생각났어. 엄마는 네게 학습지는 해놨느냐고 물어봤어. 너는 말간 얼굴로 안 했다고 했어. 엄마는 알았다며 오늘 하루 잘 쉬라고 해놓고도 점점 조바심이 나기 시작했어. 저녁이 깊어지는데 계속 노는 너를 보고 엄마는 아직도 노느냐고 결국 한마디하고 말았어. 기분 좋게 잘 놀던 네 얼굴에 순간 실망이 가득해지더라.

실컷 놀라고 했던 엄마가 아직도 노느냐고 타박하니 넌 당연히 속상했을 거야. 지금 돌이켜보면 놀 때는 실컷 놀도록 놔두었어야 했다는 생각이 드는구나. 잘 놀아야 몸도 마음도 회복되는 건데 말이야. 학습지 하루 밀린다고 큰일이 나는 것도 아닌데. 엄마는 그 하루를 못 참고 실컷 앓고 몸을 추스르고 있는 네게 또 공부하라고 채근하고 말았단다.

네 외할아버지는 참 열심히 산 분이셨어. 늘 일하고 공부하고 항상 뭔가를 하셨지. "놀면 불안하다"라는 말씀을 입버릇처럼 하셨단다. 한마디로 여유 있게 놀 줄 모르는 분이셨지. 잘 살려면 무조건 열심히 일하고 공부해야 한다는 강박관념을 갖고 평생을 사셨어. 그러던 외할아버지께서 60세 때 암으로 돌아가시자 네 외할머니는 너무 슬퍼하셨단다. 평생 쉬지도 못하고 일만 하던 양반이 이제 쉬어도 될 나이가 되자 돌아가셨다고 얼마나 마음 아파하시던지.

사실 외할아버지 세대에 '열심히 강박증'은 상당히 일반적인 것이었단다. 열심히 일하면 잘살 수 있다는 생각이 신념으로 공유되던 시대였지. 이런 신념은 자식 세대인 엄마 아빠에게 그대로 전달되어서 엄마 아빠도 뭐든 열심히 하면 된다는 생각을 만고불변의 진리처럼 믿고 살았단다. 노는 것은 게으른 것이고 인생에 도움이 안 된다고 믿고 자랐지. 그래서인지 엄마는 놀고 있으면 마음 한구석이 불안해져. 무슨 일이든 해서 시간을 허비하지 말아야 한다는 생각이 머릿속에 뿌리박혀 있는 것 같아. 이 같은 엄마의 불안감은 엄마가 너를 키울 때도 그대로 반영됐어. 네가 놀면 엄마는 불안해졌어. '열심히 강박증'이 할아버지, 엄마를 이어 네게까지 대물림된 셈이지.

우리나라 사람들은 대부분 노는 것을 불안하게 여기는 것 같아. 문제가 생기면 그 이유를 생각해보지도 않고 무조건 더 열심히 하라고 하잖니? 마치 놀아서 문제가 생긴 것처럼 생각하지. 그렇게 모두들 열심히, 더 열심히를 외친단다. 실제로 우리나라 사람들은 열심히 일하기로 유명해. 열심히 일하고 공부하고 노력하는 것만이 옳은 길이라고 배워왔지. 당연히 아이들을 키울 때도 그렇게 가르쳐. 하지만 정말 열심히만 하면 모든 문제가 해결될까? 엄마는 그렇게 생각하지 않아. 2011년 기준 OECD 통계에 의하면 우리나라 노동자들의 연평균 근로시간은 2090시간으로 OECD 평균보다 325시간, 8.1주가 길어서 34개 OECD 국가 가운데 2위라고 해. 그런데 취업자당 노동생산성은 23위에 불과하단다. 공부하는 시간은 제일 많은데 성적은 오르지 않는 것이나 마찬가지지. '열심히'만 하면 다 될 거라고 생각해왔는데, 이제 '열심히'만으로는 한계에 부딪치는 세상이 된 게 아닐까.

얼마 전 유튜브에서 '죽음의 소용돌이'라는 제목의 영상을 봤어. 개미들이 앞선 개미의 뒤를 따라 돌고 돌아 거대한 소용돌이가 생기는 모습을 담은 것이었어. 병정개미는 위험이 닥치면 특정한 페로몬을 방출한단다. 다른 개미들은 그 페로몬을 감지하곤 열심히 앞선 개미의 뒤를 쫓아가지. 모든 개미가 앞선 개미의 뒤만 쫓다 보니 행렬은 돌고 돌아 개미의 소용돌이가 만들어졌어. 피로와 굶주림에 지쳐 모두 죽을 때까지 개미의 행렬은 같은 자리를 빙글빙글 돌 뿐이지. 위기 상황에서 무조건 앞만 보고 열심히 달리다가 공멸하는 것. '열심히, 더 열심히'의 함정이 바로 이런 게 아닐까. 열심히 살았는데 더 나아갈 수 없다면 이제는 무엇이 문제인지 돌아봐야 할 때가 아닐까?

무조건 열심히 한다고 효율성이 높아지는 건 아니란다. 적절히 휴식하고 재충전해야 효율성도 높아진단다. 구글 직원의 인터뷰 기사를 본 적이 있는데, 전에 다니던 회사에 비해 업무량이 1.5~2배 가까이 늘었지만 업무를 끝내는 시간은 비슷하다고 하더구나. 그 직원은 구글이 IT 기업답게 업무 효율을 높일 수 있는 다양한 업무 시스템을 갖추고 있을 뿐 아니라 업무 중에도 자유롭게 휴식과 재충전할 수 있는 환경을 갖췄기 때문에 같은 시간 동안 더 많은 일을 할 수 있다고 설명했어. 구글에선 근무 시간 중에도 회사나 회사 밖에서 자유롭게 휴식을 취하거나 취미 활동을 할 수 있대. 심지어 직원들이 낮잠을 잘 수 있도록 한 대에 1000만 원이 넘는 낮잠 의자까지 구비해두었대. 직원들이 일하다 피곤하면 누구의 눈치도 보지 않고 마음껏 쉬면서 재충전할 수 있도록 말이야.

운동 선수가 쉬지 않고 매일 연습만 하면 기량이 향상될 것 같지? 그런데 오히려 그 반대란다. 피로가 쌓여서 쉽게 부상당하고 오히려 기량이 떨어진다고 해. 실력을 키우려면 열심히 연습하는 것만큼이나 잘 쉬는 것도 중요하단다. 충분히 휴식을 취해야 배운 것을 잘 소화시킬 수 있어. 음식을 먹는다고 무조건 다 피가 되고 살이 되는 게 아닌 것처럼 말이야. 잘 먹는 것만큼 잘 소화시키는 것도 중요하잖니?

아이들도 마찬가지야. 잘 배우려면 무엇보다 잘 놀아야 해. 아이들에게 놀이란 바로 휴식과 재미를 주는 활동이란다. 아이들에게 뭔가 시키기는 쉽지 않아. 양치질, 밥 먹기, 옷 입기 등 싫다고 하는 아이와 실랑이하면서 엄마들은 자신이 받는 스트레스만 생각하지. 그런데 아이의 입장에서 한번 생각해봐. 하고 싶은데 못하게 하고, 하기 싫은데 억지로 해야 하는 일이 얼마나 많니? 아이들도 스트레스를 받는단다. 아이들은 놀면서 스트레스를 풀어. 놀지 못하면 그 스트레스가 다 어떻게 되겠니? 스트레스가 폭발하면 결국 문제 행동으로 나타난단다. 놀이는 아이가 스트레스를 풀 수 있는 마법의 환풍기야. 환풍기를 막아버리면 아이는 질식할 수밖에 없어. 유치원에 다니는 꼬마들도 우울증에 걸린단다. 재미있는 일이 너무 없어도 우울증에 걸려. 사는 낙이 없으니 우울증에 걸리는 거지. 재미란 뇌에 활력을 주는 기름 같아. 재미가 없으면 뇌는 삐걱거리며 힘겹게 움직이다가 점점 움직임이 느려진단다.

그리고 또 하나, 아이들이 놀면서 얻는 재미는 재미로 끝나지 않아. 재미는 뇌에 활력을 준단다. 역설적으로 말하면 잘 놀아야 더 많은 것을 배울 수 있어. 놀이를 통해 아이들은 더 많은 것을 배울 준비를 갖추고, 배운 것들을 소화시켜 자기 것으로 만들며 한발 한발 발전해간단다.

우는 꼴은 참아도 노는 꼴은 못 참는다

…

얼마 전 진료실에 6살짜리 아들을 둔 엄마가 찾아와 하소연하듯 털어놓았어. "우리 애는 학원에 안 다니고 학습지만 해요. 그런데 학습지마저 안 하고 놀기만 하려는 거예요. 안 하려는 아이와 실랑이를 벌이다 보면 저도 열받아서 소리를 지르게 되고 아이는 울고, 그게 매일 반복이에요. 지겨워 죽겠어요."

아이에게 무슨 학습지를 시키는지 물어보니 이렇게 답했어. "기본적인 것밖에 안 시켜요. 한문이랑 수학요." 6살짜리 아이에게 한문과 수학이 어떻게 기본적인 것이 되었는지 모르겠지만 아무튼 그 엄마는 그렇게 말했어. 매일매일 우는 아이를 다그쳐서 공부시키는 게 일이라며 얼굴을 찌푸리더구나. "아이가 울면 속상하지 않아요?"라고 묻자 그 엄마가 그러더라. "아이가 울면 엄마인데 당연히 속상하죠. 하지만 아무것도 안 하고 놀게만 놔두는 건 직무유기 아닐까요?"

난 대화를 나누면서 중요한 것을 깨달았어. 이 엄마는 아이가 노는 것을 쓸데없는 짓이라고 생각하는구나. 잘 놀고 있는 아이를 공부하라고 다그쳐 울리면, 그래도 아이를 위해 뭔가를 했다는 안도감을 느끼는구나. 이렇게 생각하는 엄마가 비단 진료실에 그 엄마뿐만은 아닐 거야. 그러다가 너도 나중에 아이를 키우면서 아이가 노는 꼴보다 우는 꼴이 낫다고 생각할 수도 있겠구나 싶었어. 아이가 잘 노는 게 얼마나 큰 선물인지 네가 모를 수도 있겠다는 생각이 들었어.

노는 아이를 보며 아무것도 안 한다고 생각하는 것은 큰 오해란다. 아이들은 놀면서 배우고 자라. 두 돌짜리 아이 두 명이 같이 앉아 인형놀이하는 것을 지켜보렴. 같이 앉아서 놀지만 아이들은 제각각 자신의 놀이를 해. 한 명은 인형에게 밥을 먹이고, 다른 한 명은 인형을 토닥여 잠을 재우는 식으로 말이야. 서로 말은 하는데 자기 할 말만 하고 상대방 이야기는 듣지도 않는 것 같아. 그런데도 아이들은 한자리에 앉아 함께 놀면서 서로에게 배운단다. 다른 아이가 자신에게 익숙하지 않은 말이나 행동을 하는 것을 보며 새로운 말, 새로운 기술을 익히는 거지.

초등학교에 입학하기 전, 지상이는 학교 놀이를 좋아했어. 지상이가 선생님, 엄마가 학생 역할을 하며 놀았지. 지상이가 숙제를 해오라고 하면 엄마는 반항하는 시늉을 했어. "싫어요. 안 할래요." 정말 초등학생이라도 된 듯, 떼를 부리는 흉내를 냈지. 그러면 지상이는 당황하면서도 "학생은 숙제를 해야지요"라고 점잖게 이야기했어. 엄마는 지상이가 당황하는 게 재미있어서 계속 반항하는 척했어. "선생님은 엉터리예요. 맨날 숙제만 하라고 해." 지상이는 어쩔 줄 몰라 했지만 여전히 점잖은 선생님 흉내를 냈지. "숙제를 안 할 거면 다른 걸 하세요." 그런 지상이를 보면서 얼마나 웃음을 참기 어려웠는지 몰라. 지상이는 학교 들어가기 전에 이런 역할놀이를 하면서 낯설고 새로운 상황인 학교에 대한 불안감을 미리 해소했던 거야.

학교 놀이, 소꿉놀이 등 역할놀이를 하면서 아이들은 낯선 상황에 적응하는 방법을 익힌단다. 상대방과 공감하고 상황에 맞는 말을 하는 연습을 놀이를 통해 하면서 사회성을 키우지. 놀이터에서 뛰어놀고 철봉을 오르락내리락하고 그네와 시소를 타면서 아이들은 균형감각 등 운동능력을 키워. 나무토막을 쌓으면서 손가락과 연결된 뇌 신경을 발달시키고, 블록을 조립하면서 공간 감각을 키우지. 그러면서 쌓인 스트레스를 해소하고 뇌에 활력을 주기도 해. 이처럼 놀이가 아이에게 주는 이점은 한두 가지가 아니란다. 노는 것이 아이의 뇌에 얼마나 좋은지 알고 나면 잘 놀고 있는 아이가 정말 대견해 보일 거야.

놀이는 아이가 잘 자라도록 해줄 뿐 아니라 엄마가 아이를 이해할 수 있게 도와준단다. 아이가 노는 모습을 살펴보면 아이에 대해 많은 것들을 알 수 있어. 어렸을 때 너는 말이 늦은 편이었어. 배우는 속도도 늦어서 엄마는 어린 너를 보며 영리하다고 생각해본 적이 없었단다. 반대로 지상이는 어릴 때 말을 비롯해 뭐든 빨리 배워서 똑똑한 아이라고 생각했지. 그런데 초등학교에 입학한 뒤 지능검사를 해보니 결과는 내가 생각했던 것과 달랐어. 네 지능지수가 지상이보다 높았어. 지능지수가 그 사람이 얼마나 똑똑한지를 절대적으로 보여주는 것은 아니지만 적어도 측정할 수 있는 부분에서는 내가 생각한 모습과 달랐어. 그래서 잠시 혼란스럽기도 했단다.

1만 시간의 법칙이라는 것이 있어. 뭐든 1만 시간만 노력하면 그 분야의 전문가가 된다는 거야. 엄마로서 1만 시간 동안 공들여 노력하면 아이에 대해 뭐든지 알 수 있을까? 엄마가 경험한 바로는 어림도 없단다. 자기 자신에 대해서도 평생 새로운 모습을 발견하는데, 자식은 더하겠지. 자식이라고 해서 다 안다고 생각하는 것은 착각일 뿐이란다. 어렸을 때도 모르지만 나이가 들수록 모르는 면이 더 많아지는 게 자식이야. 엄마가 아이에 대해 뭐든 알아야 하고 늘 올바른 길을 제시해야 한다는 생각은 일종의 강박관념이란다. 아이는 엄마가 만든다는 생각은 강박증과 조급증을 낳을 뿐이야. 내가 아이에 대해 모르는 것이 많다는 것을 인정하면 마음을 비우기가 더 쉬워질 거야.

엄마 역시 아는 척을 많이 했지만 사실은 너희들에 대해 모르는 게 훨씬 많아. 이것을 인정하면서 엄마는 오히려 마음이 편해졌어. 네가 아이에 대해 더 알고 싶다면 놀이를 통해 아이를 바라보렴. 아이가 노는 것을 보면 네 아이에 대해 많은 것을 알 수 있을 거야. 아이의 발달 정도, 개성, 특성, 흥미와 관심 등 모든 것을 놀이를 통해 알 수 있단다.

세상에 태어난 아이는 다양한 영역에서 발달 과정을 겪는단다. 말하는 능력, 공 차는 능력, 만드는 능력, 참는 능력, 대소변 가리는 능력 등 셀 수 없이 다양한 면이 발달해. 그런데 어떤 면은 빠르게 발달하는데, 어떤 면은 또래 아이들보다 느릴 수도 있어. 지영이 너는 두 돌 무렵이 되어서도 할 줄 아는 말이 거의 없었어. 지능 발달에 문제가 있는 게 아닐까 걱정될 정도였지. 당시 너는 한창 유행하던 텔레토비 인형을 늘 끼고 살았어. 텔레토비 인형에게 우유를 먹이고 안아주고 다독여 재워주곤 했지. 비록 말은 늦었지만 네가 노는 모습을 보며 인지 발달은 정상이라는 것을 알 수 있었단다. 아이들이 노는 것을 보면 각각의 발달 영역이 어느 수준인지 알 수 있어. 아이에 대해 잘 알아야 아이의 개성을 키워주고 부족한 것들을 발전시키도록 도울 수 있지 않겠니? 이런 때 놀이는 좋은 힌트가 된단다. 다시 한번 말하지만, 놀이를 보면 아이에 대해 많은 것을 알 수 있어.

이렇게 놀이는 아이들을 성장시켜주고, 엄마가 아이에 대해 파악할 수 있는 훌륭한 정보원인데 많은 엄마들이 아이가 노는 모습을 보며 시간을 허비하고 있다고 생각해. 아이를 무작정 놀리는 것은 엄마로서 직무유기라고 생각하지. 뇌 발달에 좋은 학습을 하도록 아이를 관리해야 한다고 생각하는 엄마들도 많아. 그래서 아이의 놀이를 눈여겨볼 생각도 하지 않고, 아이와 잘 놀아줄 줄도 몰라. 어쩌다 마음먹고 아이와 놀아주려 해도 어느 틈엔가 아이를 가르치려 들어 아이의 놀이를 방해한단다.

엄마가 진료실에서 만난 많은 엄마들이 아이들과 노는 방법을 몰랐어. 아이가 한창 놀이에 빠져 재미를 느끼는데 흥을 깨는 엄마도 있고, 엄마가 미리 다 해주는 바람에 아이가 스스로 해나가며 느끼는 기쁨이나 기술을 습득하는 기회를 빼앗는 경우도 있었어. 아이의 놀이에 집중하지 못하는 엄마도 있었지. 심지어 아이가 노는데 옆에서 스마트폰만 보는 엄마도 있었어. 그런 모습을 보면 엄마는 말할 수 없이 안타까웠단다.

아이에게 놀이가 얼마나 중요한지, 왜 중요한지 모르는 엄마, 그래서 아이의 놀이를 지켜볼 줄 모르는 엄마, 아이와 놀아줄 줄 모르는 엄마가 세상에는 너무 많아. 엄마는 네가 그런 엄마들과는 달랐으면 좋겠어. 놀이가 아이를 어떻게 발달시키는지, 아이들이 노는 모습을 통해 무엇을 알 수 있는지, 어떻게 놀게 해줘야 하는지 아는 현명한 엄마가 되길 바란단다. 이 책을 끝까지 읽다 보면 잘 노는 네 아이를 보며 감사한 마음을 갖는 엄마가 될 수 있을 거야. 밥 잘 먹는 아이가 무럭무럭 자라는 것처럼 잘 노는 아이가 잘 크는 법이란다.

책벌레, 공부벌레
벌레는 벌레로 끝난다

...

얼마 전 엄마의 지인이 이런 말을 하더구나. 아이에게 책을 읽으라고 했더니, "엄마 요새 누가 책을 읽어요? 궁금한 게 있으면 인터넷 찾아보면 다 나오는데"라고 하더래. 그러면서 아이에게 책을 읽히는 게 갈수록 어려워진다며 한숨을 쉬더라. 물론 맞는 말이야. 궁금한 게 있을 때 인터넷을 찾아보면 다 나오지. 하지만 책으로 습득한 지식과 인터넷에서 알게 된 지식에는 큰 차이가 있단다.

인터넷에는 정보가 정말 많아. 궁금한 것을 물으면 수천 수억 가지 답이 나온단다. 그런데 그 가운데 어느 게 맞는 답일까? 정보가 너무 많아서 오히려 제대로 된 정보를 구하는 게 어려울 때도 많아. 세상을 보는 자신만의 눈이 없으면 정보의 홍수 속에서 무엇을 건져야 할지 몰라 표류하게 된단다.

좋은 책에는 지혜와 안목이 담겨 있단다. 독서를 통해 세상을 보는 눈을 얻을 수 있는 거지. 단순한 정보의 나열이 아니라 지혜를 얻고 싶으면 책을 많이 읽어야 해. 책을 많이 읽으면 배경지식이 풍부해지기 때문에 읽는 속도가 점점 빨라져서 같은 시간 동안 책을 읽어도 전보다 더 빨리 읽을 수 있게 된단다. 독서를 많이 할수록 새로운 지식을 습득하는 속도가 더 빨라지는 거야. 이런 작은 차이가 쌓이다 보면 수년 후에는 책을 읽지 않은 아이가 책을 많이 읽은 아이를 따라가기 어려울 정도가 된단다. 그러니 어릴 때부터 책을 읽는 습관을 들이는 것은 매우 중요한 일이야. 하지만 책만 읽는다고 해서 모든 게 해결되는 건 아니란다.

다음 중 땅에서 사는 것은?

1. 매미 2. 거미 3. 개미 4. 벌

엄마가 초등학교 다닐 때 학교 시험 문제야. 당시 엄마는 맨흙을 밟기 어려운 서울 도심 한복판에 살고 있었어. 그 동네에서는 개미조차 나무 위를 기어 다녔단다. 한참 고민하던 엄마는 거미를 답으로 적었지. 엄마가 들판을 달리며 곤충들을 직접 볼 기회가 있는 농촌에서 살았다면 말도 안되게 쉬운 문제였을 거야. 아이에게 경험이란 이렇게 중요한 거란다. 아무리 많은 책을 읽어도 결코 직접 해본 경험을 이길 수 없어.

전공의 시절, '책벌레'라는 별명을 가진 다른 과 전공의가 있었어. 타의 추종을 불허할 정도로 공부를 잘했단다. 최고 성적으로 의대에 들어왔고, 의대에서도 우수한 성적으로 졸업했어. 그런데 그 사람은 공부 머리가 좋았는지는 몰라도 영 눈치가 없었단다. 해도 될 말, 하면 안 될 말을 잘 가리지 못했어. 그래서인지 같이 일하는 다른 의사들은 물론이고 보호자들과도 마찰이 끊이지 않았지. 그는 전문의가 된 뒤 개업을 했는데 환자나 보호자들과 크고 작은 분쟁을 일으켜서 잊을 만하면 좋지 않은 소식이 들려오곤 했어.

공부 머리와 눈치 머리는 확실히 다른 것 같아. 사람들과 잘 어울려 지내려면 공부를 잘하거나 책만 파서는 부족하단다. 아무리 몸에 좋은 음식이라도 한 가지만 계속 먹으면 영양에 불균형이 생기는 것처럼, 책이 아무리 좋아도 책만 읽으면 발달에 불균형이 오게 마련이란다. 책만 읽는 아이는 건강하게 발달하기 어려워.

세상에는 책에선 배울 수 없는 것이 많단다. 대표적인 예가 눈치야. 네가 시험에 떨어져서 속상할 때 눈치 없이 깔깔거리며 농담을 건네는 사람, 네가 배탈이 나서 힘들어 죽겠는데 운동하러 가자며 너를 재촉하는 사람, 이렇게 눈치 없는 행동을 해대는 사람과는 아무래도 가까워지기 어렵지. 절에 가도 새우젓을 얻어먹게 해주는 눈치는 사회성과도 연관이 높단다. 눈치가 있어야 사람들과 두루 잘 어울릴 수 있어.

그런데 어릴 때는 눈치가 없어도 친구가 많은 것처럼 보일 수 있어. 특히 공부를 잘하는 아이들은 친구가 많아 보이지. 다른 엄마들이 공부 잘하는 아이와 자기 아이를 어울리게 하려고 노력하는 경우가 많거든. 짝으로 앉혀달라고 학교 선생님에게 부탁하기도 하고, 생일잔치에 초대해서 자기 아이와 어울릴 기회를 만들려고 하지. 그래서 공부를 잘하는 아이는 사회성에 문제가 없는 것처럼 보일 수도 있단다. 그러나 초등학교 고학년이 되고 중학교에 들어가면 아이의 교우 관계에 미치는 엄마의 영향력이 극도로 작아져. 아이가 아무리 공부를 잘해도 사회성이 떨어지면 다른 아이들에게 따돌림을 받을 수 있단다. 학교를 졸업하고 사회에 나가면 성적은 아무런 힘도 발휘하지 못해. 사람들과 어울릴 수 있는 사회성이 중요해지지.

그렇다면 눈치는 어떻게 해야 생기는 걸까? 얘기를 할 때 상대방의 얼굴을 안 보고 다른 곳을 쳐다보는 사람은 사회성이 떨어지는 경우가 많단다. 눈치 있는 사람이 되려면 먼저 다른 사람의 기분을 잘 헤아릴 줄 알아야 해. 다른 사람의 기분을 알려면 그 사람의 눈을 봐야 한단다. 눈을 보고 기분을 파악했다면 그다음 순서는 그 사람이 왜 그런 기분이 됐을지 이유를 이해하는 거야. 화가 난 사람은 왜 화가 났는지, 행복해하는 사람은 왜 행복해하는지 알아야 하지. 이것이 눈치와 사회성의 기본이란다.

그런데 그거 아니? 어떤 학습지나 학원에서도 친구 사귀는 법을 가르쳐주지 않는단다. 너 역시 놀면서 친구를 사귀고 사람들과 어울리는 법을 터득했어. 어렸을 적 인형들을 먹이고 입히고 재우고 돌봐주고 같이 놀면서 공감능력을 키웠고, 친구들과 소꿉장난을 하면서 다른 사람의 입장을 생각해보고 적절히 대화하는 방법을 익혀나갔지.

아이들은 매일 소꿉장난만 하는 것 같아도 매번 전과 다른 새로운 시나리오를 만들어서 창의력을 발전시키고, 다른 아이들을 배려하는 마음을 익힌단다. 이런 것들이 사회성의 기본 골격이 되지. 네가 이런 놀이를 하지 않고 학습지나 학원 공부만 했다면 사람을 잘 사귀는 능력을 키울 수 있었을까? 눈치는 놀면서 생긴단다. 아이들은 다른 아이들과 어울리면서 이런 능력을 발달시키는 거야.

아이가 친구들과 놀면서 같은 실수를 반복하면 때로는 그런 모습을 보는 것조차 짜증 날 때가 있어. 그래서 차라리 너 혼자 놀아라 혹은 놀다가 싸우는 꼴을 보기 싫으니 나 안 보는 데서 놀아라, 이렇게 말하고 싶은 마음도 들어. "네가 놀려서 친구가 갔는데 왜 울어? 엄마가 친구 놀리지 말라고 몇 번이나 말했잖아"라며 실컷 화를 낼 수도 있어. 너도 아이를 키우면 이런 일을 많이 겪을 거야. 혼내고, 야단치고, 설명하고, 타이르고 이런 과정을 무수히 반복해도 아이는 같은 실수를 계속 반복할 거야. 아무리 말해도 소용 없는 건가? 여러 번 알려줘도 같은 실수를 반복하는 아이를 보며 절망할 수도 있지. 그런데 이런 건 자연스러운 과정이란다. 아이는 같은 실수를 무수히 반복하면서 자라. 화내지 않고 계속 알려주면 아이는 조금씩 배워간단다.

책이나 공부만으로는 사회성이나 리더십을 키우기 어려워. 네 아이가 사회성 좋은 아이로 자라기 바란다면 네 아이가 잘 놀도록 환경과 기회를 만들어주렴. 어떻게 노는지 잘 살펴보고 더 잘 놀 수 있도록 도와줘. 친구와 싸우지 않고 사이좋게 노는 법을 알려줘. 한 번 가르쳤다고 아이가 바로 배우기를 기대하면 안 돼. 참을성을 갖고 계속 알려주면 아이의 사회성은 점점 성장한단다. 아이가 노는 모습을 보며 아무리 실망스럽고 화가 나더라도 외면하거나 화를 내지는 마. 무관심해서도 안 되고 지나치게 간섭해서도 안 돼. 사랑의 반대는 미움이 아니라 무관심과 무절제야. 계속 관심을 가지고 아이가 노는 것을 지켜보면서 감정을 절제하며 아이를 지도하는 것. 그것이 바로 사랑의 힘이란다. 지치지 말고 계속 알려주렴. 어느 틈엔가 아이가 달라져 있을 거야.

잘 노는
잘난 놈

…

잘난 사람은 크게 둘로 나눌 수 있어. 남들이 잘났다고 하는 사람과 스스로 잘났다고 하는 사람이지. 다시 말해, 외적으로 잘난 사람과 내적으로 잘난 사람이 있어.

전교 1등을 하던 아이가 전교 2등으로 성적이 떨어졌어. 그 아이는 괴로워하다가 자살을 했어. 그런 극단적인 선택을 하기까지 얼마나 고민하고 힘들었을까 생각하니 엄마는 너무 마음이 아팠단다. 그 아이는 한 번도 1등을 놓쳐본 적이 없었대. 매번 1등만 하니 의기양양, 세상을 다 가진 것처럼 행복했을 거 같지? 전혀 그렇지 않았단다. 그 아이는 항상 불안하고 초조했어. 언제 1등을 놓칠지 모른다는 불안감을 강박관념처럼 갖고 살았어. 친구도 없었고 취미도 없었지. 오로지 공부만 했어. 그러니 1등을 놓쳤을 때 그 아이는 자신에게 남은 것이 아무것도 없다고 생각할 수밖에 없었어. 공부 말고는 아무것도 할 줄 아는 게 없는데 1등마저 놓치자 자기 자신이 무가치하게 느껴진 거지.

성적으로만 자신의 가치를 판단하는 아이의 삶은 외줄에 몸을 맡기고 낭떠러지 위를 걷는 것과 같아. 성적이 떨어진 순간, 자신의 가치는 한순간에 사라져 쓸모없는 사람이 되어버렸다는 절망감이 아이를 나락으로 떨어트리고 만 거지. 공부 하나로 이어가던 아이의 자존감은 산산조각이 났어. 만약 그 아이가 조금만 더 자신을 사랑하고 자신에게 관대했다면 그런 극단적인 선택은 하지 않았을 거야.

남들이 아무리 잘났다고 해도 자기 자신에게 만족할 줄 모르는 아이의 자존감은 얇은 유리처럼 금방이라도 깨질 듯 위태롭단다. 남들이 보는 내가 아니라 있는 모습 그대로 자기 자신을 사랑하고 자랑스럽게 여길 수 있어야 해. 역경을 이기는 힘은 자존감, 스스로 멋지다고 여기는 제 멋에서 나온단다.

놀이는 아이의 자존감을 키워서 내적으로 잘난 아이로 만들어주는 좋은 육아 방법이야. 아이가 잘 자라기 위해서는 몇 가지 필수적인 경험이 필요하단다. 아이에게는 독립적으로 세상을 살아가는 경험, 세상이 안전하다는 경험, 다른 사람과 감정적인 유대를 느끼는 경험, 자신의 가치를 인정받는 경험, 자유롭게 자신을 표현하는 경험, 현실감각과 자제력을 갖춰본 경험이 필요해. 아이들은 놀면서 이런 경험을 쌓아간단다. 예를 들어볼까? 치과에 다녀온 아이는 인형을 눕혀놓고 치과의사 흉내를 내며 인형을 치료하는 놀이를 해. 놀이를 통해 무서웠던 경험을 안전하고 안정적인 경험으로 바꾸어놓는 거야.

아이는 제작자, 감독, 배우를 모두 겸하면서 무엇을 어떻게 하며 놀지 스스로 결정해. 독립적으로 놀이를 하면서 혼자서 무엇인가를 이루는 경험을 하는 거지. 다른 아이들과 싸우지 않고 놀면서 안정적인 감정 유대를 쌓기도 하지. 아이가 잘 노는 것을 칭찬하거나 관심을 보이기만 해도 아이는 무시당하거나 비난받지 않는다는, 자신의 존재 가치를 인정받는 느낌을 받는단다. 베개가 하늘을 날고 로봇이 악당을 물리치고 찰흙으로 자신만의 세상을 만들면서 아이들은 자유롭게 자신을 표현하는 경험을 해. 다른 아이와 놀이를 하다가 졌을 때 화를 다스리는 법을 배우고 현실감각과 자제력을 갖고 살아가는 경험을 하게 된단다. 이런 경험들이 쌓이면서 아이는 자신감을 갖게 되지. '제 멋'에 사는 즐거움을 알게 되는 거야.

제 멋이 확실하면 남들의 평가에 연연하지 않고 심리적으로 안정된 모습을 가질 수 있어. 그렇다고 해서 남의 평가를 무시해도 된다는 건 아니야. 평가나 경쟁에 집중해야 자기 발전이 가능하지. 그런데 뚜렷하게 개성이 살아 있는 사람들은 평가나 경쟁에서 좀 더 유리하단다.

사람들의 개성과 능력이 모두 다르듯, 아이들의 발달 과정과 개성에 따라 놀이의 양상도 모두 다르단다. 아이들에게 사람을 그려보라고 해봐. 반응이 제각각이란다. 그림 그리기를 좋아하는 아이는 신난다고 그리지만, 그리기를 싫어하는 아이는 울상을 짓거나 다른 놀이를 하려고 해. 아이들에게 공차기를 하자고 하면 운동을 좋아하는 아이는 신나 하지만, 싫어하는 아이는 거부하지. 아이마다 잘하는 것 못하는 것은 제각각이야.

놀이를 보면 아이가 잘하는 것이나 좋아하는 게 고스란히 드러난단다. 아이의 놀이를 잘 보면 아이의 소질과 개성을 알 수 있어. 소질과 개성을 잘 키워주면 아이는 외적으로도 내적으로도 잘난 아이가 된단다. 아무리 소질이 있어도 개발하지 않으면 소용없어. 자기 집 욕조에 받아놓은 물만 보고 큰 아이가 수영에 소질이 있는지 어떻게 알겠니? 아이의 소질을 개발하려면 적절한 환경을 갖춰주고 다양한 경험을 할 수 있도록 해줘야 해.

셈을 못하는 아이가 있었어. 간단한 수 개념도 없어서 엄마를 애태웠지. 그런데 그 아이는 그림 그리는 것을 좋아했어. 틈만 나면 그림을 그리며 놀았지. 그림 그리며 노는 아이에게 엄마가 말해. "또 그림 그리니? 그만 좀 하고 숫자 책 좀 보자." 이 아이는 커서 어떻게 됐을까? 엄마의 바람처럼 숫자에 관심을 갖고 수학을 잘하게 됐을까? 결과는 너의 상상에 맡길게. 다만 내가 해주고 싶은 말은 아이의 적성과 재능을 있는 그대로 인정해주라는 거야. 우리는 모두 다른 색깔을 가지고 태어난단다. 이 색깔은 아무리 부정하려고 해도, 다른 색깔로 바꾸려고 해도 절대 바뀌지 않는단다. 욕심을 내려놓고 아이가 타고난 색깔을 있는 그대로 봐줘. 누군가 그러더라. 아이가 어릴 때 날개를 잘라놓고 그 아이가 크면 왜 날지 못하냐고 책망한다고. 참 슬픈 일이지. 아이는 어른이 생각하는 것보다 똑똑해. 자기 본연의 색깔을 스스로 알고 성장에 필요한 자양분을 놀이로 얻는단다. 자신의 개성을 발달시키면서 놀지. 어른이 되어서는 하려고 노력해도 결코 안되는 부분이야.

지영아, 네 아이는 잘 놀게 해주렴. 그러면 그 아이는 그 누구보다 잘난 아이가 되어 세상을 나는 법을 알게 될 거야. 남보다 뛰어난 것이 꼭 잘난 것은 아니란다. 어제의 나보다 나아진 것, 조그만 발전에도 스스로 기뻐할 수 있는 것, 겨우 걷던 아이가 쌩쌩 잘 달리게 되는 것. 그런 것을 알아가는 게 잘난 아이가 되는 비법이란다. 네 아이가 날개를 펼칠 수 있게 도와주렴. 네 아이가 마음껏 놀 수 있게 해줘. 잘 노는 아이가 잘난 놈이 될 테니.

아이에게는 영리하게 놀리는 엄마가 필요하다

…

지상이가 어렸을 때 이야기야. 일을 마치고 밤 10시쯤 파김치가 되어 돌아오면 지상이는 눈을 반짝이며 엄마를 반겼어. 엄마를 보자마자 놀아달라고 졸랐어. 엄마는 최대한 놀아주려고 애썼지만 마냥 놀 수는 없었어. 12시가 되기 전에는 자야 하는데, 지상이는 막무가내로 계속 놀려고만 했어. 밤이 깊어질수록 눈은 더 초롱초롱해졌지. 도대체 언제까지 놀게 두어야 할지 알 수 없었어. 억지로 재우려니 엄마가 피곤해서 아이를 재우려드는 것 같고, 마냥 놀게 두자니 피곤하기도 하고 다음 날 유치원에 갈 지상이가 걱정도 됐지. 이렇듯 마음의 갈등을 겪으며 어떤 날은 늦게까지 놀게 해주고, 어떤 날은 야단을 쳐서 억지로

재우기도 했어.

지영이 너는 어렸을 때 한동안 유리잔을 가지고 논다고 고집을 부렸어. 그냥 평범한 유리잔이었는데 왜 그리 좋아했는지. 도무지 손에서 놓지 않으려고 했어. 빼앗으면 난리를 치며 울어대서 함부로 뺏을 수도 없었어. 유리잔이 깨져서 다칠까 봐 엄마는 늘 조마조마했단다. 고집 부리며 울더라도 억지로 빼앗아야 하는 건지, 그냥 놀게 두면서 다치지 않도록 잘 지켜봐야 하는 건지 하루는 이랬다 다음 날은 저랬다 마음이 오락가락했어.

아이를 실컷 놀게 해주고 싶어도 막상 아이를 키우다 보면 마음대로 안되는 순간이 많단다. 어떻게 해야 할지 고민되는 경우가 많아. 늦은 밤까지 잘 생각도 않고 놀려는 아이를 언제까지 놀게 두어야 할지, 다칠 게 뻔한 위험한 물건을 막무가내로 가지고 놀려고 고집 부릴 때는 어떻게 해야 할지, 함께 놀던 친구와 싸우거나 게임에 졌다고 울고불고 난리를 칠 때는 어떻게 해야 할지.

무조건 놔둔다고 아이가 잘 놀 수 있는 것은 아니야. 요령 있는 엄마가 아이도 잘 놀린단다. 너와 지상이를 키울 때 엄마는 요령이 없어서 많은 시행착오를 겪었어. 너희 둘을 키우고 수많은 아이들의 놀이를 지켜본 후에야 아이를 잘 놀리는 데도 요령이 필요하다는 것을 깨닫게 되었지. 안 자고 더 놀겠다고 하는 아이도 매일 같은 시간에 자도록 미리 시간을 정해주고 꾸준히 지키면 순순히 자게 된단다. 정해진 규칙을 미리 아이에게 알려주고 일관되게 규칙을 지켜나가는 것이 잘 놀리는 요령이란다.

요령을 아직 습득하지 못했다면 다음 세 가지 기준을 명심하고 이것만이라도 지키렴. 이것만 지켜도 영리한 엄마로 거듭날 수 있을 거야. 첫 번째로 가장 중요한 것은 안전이란다. 위험한 물건을 가지고 놀 때는 당연히 빼앗아야 돼. 하지만 막무가내로 빼앗아서 아이를 울리지는 마. 돌이 안된 아기가 위험한 물건에 관심을 보이고 가지고 놀려고 할 때 "위험해서 안 돼"라고 말한들 아기는 당연히 이해하지 못해. 그렇다고 그냥 빼앗으면 아기는 칭얼거리거나 떼를 쓸 거야. 이럴 때는 아기에게 물건을 빼앗지 말고 다른 것을 주면서 관심을 돌리는 게 좋아. 아기가 깨지기 쉬운 유리컵을 가지고 놀면 알록달록한 플라스틱 컵을 흔들어 보여 아이의 관심을 끈 뒤 플라스틱 컵을 주고, 아이의 손에서 유리컵을 받아내면 돼.

아이가 신이 나서 놀며 장난감을 던지면 어떻게 해야 할까? 누군가 맞아서 다치기라도 하면 아이는 엄청 놀랄 거야. 그러고 나면 아이는 주눅이 들어서 마음껏 놀지 못한단다. 아이도 주변 사람도 다치지 않는 환경이어야 아이가 안심하고 잘 놀 수 있어. 혹시 모를 상황에 대비해 던져도 좋은 부드러운 봉제 인형을 미리 준비해두는 것도 좋단다.

두 번째로 중요한 것은 아이를 믿는 마음이야. 지상이가 돌이

지난 지 얼마 되지 않았을 때였어. 놀이공원에 갔는데 다른 것에는 정말 아무 관심도 없고 오로지 에스컬레이터에만 집착하는 거야. 종일 에스컬레이터 앞에 서서 오르락내리락 반복했지. 다른 곳으로 가자고 아무리 달래도 막무가내였단다. 엄마는 이해가 가지 않았어. 볼 것도 탈 것도 많은 놀이공원에 와서 어두컴컴한 복도 구석의 에스컬레이터에서 꼼짝도 못하고 있다니. 오랜 시간이 지나서야 엄마는 깨달았단다. 당시 지상이에게는 에스컬레이터를 타는 게 최고의 놀이였다는 것을. 그 무렵은 지상이가 걷기 시작한 지 오래되지 않았을 때야. 잘 걷고 뛰기 위해서 신체의 균형을 잡는 연습이 필요했지. 지상이는 엄마가 따로 연습시킬 필요 없이 에스컬레이터에서 균형 잡는 연습을 했던 거야. 엄마가 보기엔 정말 재미없고 황당해 보이는 놀이였지만, 지상이는 자기 발달 시기에 꼭 맞는 놀이를 하고 있던 거야.

아이에게 놀이는 특별한 의미가 있단다. 물론 아이들이 그 의미를 알고 노는 건 아니야. 그러나 아이들은 자기 발달 과정에 맞는 놀이를 본능적으로 찾아내 즐긴단다. 나중에 돌이켜보면 아이가 좋아했던 놀이 하나하나가 모두 그 시기 발달에 중요한 의미가 있었음을 알 수 있어.

스티브 잡스는 초등학교 저학년 때 담임 선생님 의자 밑에 폭음탄을 숨겨놓았다가 터트리는 걸 좋아했대. 친구들의 자전거 자물쇠 잠금 번호를 알아낸 후 자물쇠를 다 바꿔버려서 방과 후

집에 돌아가려고 자전거를 타려던 아이들이 오가지 못했던 일도 있었지. 그의 기발한 장난으로 인해 학교는 일대 혼란을 겪었어. 스티브 잡스는 이런 장난 때문에 두세 차례 귀가 조치를 당하기도 했어. 그러나 그의 어머니는 그런 일로 아이를 혼내지 않았어. 이처럼 위인들의 뒤에는 아이를 영리하게 놀린 엄마가 있단다. 영리한 엄마는 아이가 아무리 황당한 놀이를 해도 막지 않아. 아이들의 놀이가 다 의미가 있다는 것을 이해하는 거지. 아이가 좋아하는 놀이가 네 눈에 아무리 이상해 보여도 일단 아이를 믿고 그냥 마음껏 놀게 놔두렴. 놔두어서는 안 되는 놀이도 물론 있어. 어떤 놀이가 그런지, 어떻게 못 놀게 해야 할지는 뒤에 자세히 써두었으니 참고하기 바란다.

세 번째는 아이가 놀면서 더 잘 성장할 수 있도록 기회를 만들어주는 거야. 아이가 밥 먹는 것을 생각해보렴. 아무것도 안 먹는 것보다는 한 가지라도 먹는 게 낫고, 한 가지만 먹는 것보다는 다양하게 먹는 게 더 좋지 않니? 아무것도 안 먹는 것보다는 좋아하는 음식만이라도 잘 먹으면 좋고, 너무 편식한다면 다양한 음식을 먹도록 이런저런 기회를 만들어줘야겠지. 노는 것도 이와 비슷해. 아예 못 노는 것보다는 한 가지라도 놀이를 즐기는 게 낫고, 이왕이면 다양한 놀이를 즐기는 게 아이가 발달하는 데 좋아. 새로운 놀이를 익히고 즐길 수 있는 기회를 만들어주렴. 아이의 발달 수준이나 취향에 맞는 놀이를 보여주면 아이는 금방 따라하며 새로운 놀이를 즐기게 될 거야. 아이가 거부한다면 그것은 아직 아이가 준비가 안됐다는 의미이니까 자꾸 강요해서는 안 돼.

앞으로 아이의 놀이가 어떻게 아이를 발달시키는지, 아이의 놀이를 보고 무엇을 알 수 있는지, 아이와 잘 놀아주려면 어떻게 해야 하는지, 놀면서 생기는 갈등은 어떻게 해결해야 하는지에 대해 이야기할 거야. 엄마는 네가 이 책을 읽고 엄마가 했던 실수나 고민을 겪지 않고 모든 과정을 수월하게 뛰어넘기 바란다. 네 아이를 잘 놀리는 지혜로운 엄마가 되어주렴.

현명한 엄마로 거듭나는 육아 TIP

아이들은 재미있는 것을 할 때는 누가 시키지 않아도 스스로 합니다.
스스로 놀이를 하면서 자연스럽게 성장합니다.

더 이상 아이가 논다고 불안해하지 마세요.
놀이는 아이가 가진 첫 번째 학습 능력입니다.
자제력, 창의력, 사회성, 언어는 모두 놀이를 통해 배울 수 있어요.
꼿꼿이 앉아서 배우는 것만이 공부가 아닙니다.
아이들은 재미있는 것을 할 때는 누가 시키지 않아도 스스로 합니다.
스스로 놀이를 하면서 자연스럽게 배우고 성장할 수 있는 것이지요.
현명한 엄마는 놀이로 아이를 키웁니다.
어떤 놀이가 아이에게 좋은지, 어떤 놀이를 할 때 아이가 즐거워하는지
그것을 알아내는 것이 엄마의 역할입니다.

2장

놀이는 아이의 미래다

아이들은 자신의 수준에 맞는
놀이를 할 때 제일 행복해한단다.

짱짱한 아이,
놀이로 키운다

...

창의력을 기르는
상상놀이의 힘

지영아, 너는 어렸을 때 말을 잘 듣는 아이였단다. 선생님 말씀도 잘 듣고, 엄마 말도 잘 들었어. 엄마 말을 듣는 척도 안 하던 네 오빠를 키울 때와 비교하면 엄마는 너를 아주 쉽게 키운 것 같아. 그런 네가 대견하고 예쁘기도 했지만 때로는 걱정도 됐단다. 엉뚱한 상상이나 행동으로 엄마를 당황하게 하는 일이 너무 없었거든. 그저 뭐든 시키는 대로만 하는 너를 보며 창의력이 없는 것은 아닌지, 행여 다른 문제가 있는 것은 아닌지 걱정했어. 그런데 어느 날 네가 베개를 가지고 노는 것을 보며 엄마는 걱정을 덜 수 있었단다. 너는 베개를 가지고 놀면서 마음껏 상상의 나래를 펼쳤어. 네 상상 속에선 베개가 강아지도 됐다가 고양이가 됐다가 하늘을 나는 비행기도 됐지. 그렇게 자유롭게 상상력을 펼치며 마음껏 놀 수 있다면 네 창의력에는 문제없겠다 싶어 안심했단다.

아이들의 상상 속에선 찰흙, 베개, 블록 같은 주변의 평범한 사물들도 멋진 생명체로 다시 태어난단다. 아이들의 상상놀이 속에서는 신데렐라 이야기가 잠자는 숲속의 공주 같은 결말로 끝날 수도 있어. 아무도 길을 제시하지 않을 때, 아이들은 허공에서 길을 만들어내지. 놀이에는 정답이 없어. 놀이는 결과가 아니라 과정이야. 아이들은 놀면서 틀에 묶인 길과 정답을 떠나 자유로운 연상을 즐기고, 그 가운데 새로운 방법을 찾아낸단다.

지능지수가 같아도 상상력이 풍부한 아이가 더 다양한 해결책을 생각해내. 상상력은 단지 지능의 문제가 아니야. 얼마나 자유롭게 생각할 수 있느냐가 관건이란다. 아이가 아무리 황당한 이야기를 해도 "그런 일이 어떻게 있을 수 있어?"라고 면박을 주지 마. 상상놀이를 많이 한다고 해서 아이들이 현실과 상상을 구별하지 못하는 것은 아니란다. 상상력이 풍부한 아이가 현실을 더 잘 이해하고 문제를 풀어내는 힘도 더 뛰어나. 네 아이를 창의력이 풍부한 아이로 키우고 싶다면 마음껏 상상하게 해주렴.

새로운 것을 내 것으로 만드는 반복의 힘

뇌졸중으로 다리가 불편해진 환자들은 다시 잘 걷기 위해 열심히 운동하고 재활치료를 받아야 한단다. 의지가 없는 사람에게 억지로 재활치료를 받게 하는 것은 보통 힘든 일이 아니야. 만약 아이들이 잘 걷도록 하기 위해 억지로 연습을 시켜야 한다면 정말 힘들 거야. 다행히 아이들은 누가 시키지 않아도 자신이 흥미를 느끼는 일은 끊임없이 반복해. 아이들은 수없이 넘어지면서도 혼자서 걷겠다고 하고, 시키지 않아도 계속 딸랑이를 흔들어대지. 놀면서 자기 발달 수준에 맞는 새로운 기술을 습득하는 거야. 놀게만 해도 알아서 필요한 것들을 익히니 얼마나 다행이니?

어렸을 때 너는 물을 정말 좋아했단다. 욕조에 찰랑이는 물은 물론이고 분수대, 수영장, 바다, 심지어 변기 물까지 가리지 않고 다 좋아했지. 물만 보이면 달려가 몸을 던지려고 할 정도였단다. 거리를 걷다가 분수대가 보여서 "앗, 지영이" 하는 순간, 너는 이미 분수대로 달려가고 있었어. 변기 레버를 눌러 물 내리는 것도 좋아했지. 말리기 전까지 하염없이 레버를 누르며 놀았어. 손가락 움직임 하나로 천둥번개가 치고 바람이 불고 문이 열린다고 생각해봐. 얼마나 신나고 재미있겠니? 레버를 누를 때마다 어김없이 변기 물이 내려가는 게 네게는 너무 신나고 재미있었을 거야. 중력의 법칙에 의해 물이 항상 아래로 내려가는 물리적 현상도 아이들은 놀면서 익힌단다. 어른들이 보기에 말도 안되는 놀이도 아이에게는 다 의미가 있어. 그러니 엄마의 판단에 따라 아이의 놀이를 억지로 막지 않도록 조심해야 돼.

얼마 전 엄마의 진료실을 찾은 18개월짜리 수영이의 부모님은 수영이가 늘 같은 행동만 한다고 걱정했어. 수영이는 어떤 장난감을 주어도 바닥에 떨어트리기만 했어. 부모님이 보기에 수영이의 놀이는 단순한 동작의 반복일 뿐이었지. 그러나 수영이의 놀이를 자세히 지켜보니 수영이가 물건을 떨어트리면서 관찰하는 놀이에 푹 빠져 있다는 것을 알 수 있었단다. 수영이는 물건을 바닥에 떨어트리기 전에 먼저 물건을 잡아서 요리조리 뜯어보고 감촉을 느끼고 소리를 듣더구나. 그리고 물건을 떨어트린 후에 그 소리에 귀를 기울이고 모습을 유심히 쳐다봤어. 모든 물건은 떨어지면서 제각각 다른 소리를 내. 한 번 튀는 것도 있지만 통통통 여러 번에 튀어오르다 떨어지는 것도 있어. 수영이는 봉제인형, 말랑말랑한 공, 딱딱한 딸랑이가 떨어지면서 내는 소리와 모습이 제각각 다르다는 것을 알고 끊임없이 관찰을 하고 있었던 거야. 그러면서 사물의 특성과 감각을 익히고 뇌를 발달시키고 있었던 거지.

학교 다닐 때를 생각해보렴. 충분히 이해했다고 생각하고 시험을 봤는데 성적이 잘 안 나올 때가 있었지? 이해만으로는 부족했던 거야. 무엇이든 완벽히 익히려면 수없이 반복해야 한단다. 그런데 반복만큼 지루한 것도 없어. 아이들이 뭔가 새로 배울 때마다 억지로 반복시켜야 한다면 그만큼 어려운 일도 없을 거야. 네가 처음 숟가락질을 시작했을 때 입으로 들어가는 것보다 흘리는 것이 더 많았단다. 그래도 꼭 제 손으로 먹겠다고 고집을 부렸지. 그렇게 반복 연습을 통해서 너는 더 이상 흘리지 않고 잘 먹게 됐단다.

너는 물을 좋아해서 물가에만 데리고 가도 이미 스스로 물속에 들어가 있었어. 그래서 수영을 가르치는 게 쉬웠단다. 아이가 좋아하는 것부터 시작하면 반복시키는 것이 조금 더 쉬워질 거야. 아이는 놀면서 수없이 반복하고 그러면서 점점 발전한단다. 단지 놀게만 했을 뿐인데 아이가 잘 걷게 되고, 사물의 특징을 익히고, 수영도 배운다니 정말 멋진 일 아니니?

그 누구도 아닌 내가 되는 기쁨, 존재감

아이들은 대개 물을 좋아해. 여름이 되어 서울시청 앞바닥 분수에서 물이 올라오기 시작하면 떼로 몰려와서 물장난을 치지. 손을 뻗어 물의 방향을 바꾸고 발을 굴러 물의 흐름을 막았다 열었다 하는 것을 보면 아이들이 마치 춤추는 것 같아. 아이들은 왜 물놀이를 좋아할까? 그것은 자신의 행동으로 사물이 변하는 게 신기하고 재미있기 때문이란다. 아무리 힘을 주고 애를 써도 뚜껑이 열리지 않는 통이 있다고 해보자. 꿈쩍도 하지 않는 통 뚜껑과 씨름하다 보면 진이 빠지지. 그런데 살살 돌리다 보면 뚜껑이 확 열리기도 해. 그 순간의 기쁨이란. 이렇듯 별거 아닌 일이라도 내가 무언가를 해서 사물이 내 뜻대로 움직인다는 것은 꽤 기분 좋은 경험이란다. 분수대에서 춤을 추는 아이들은 자신의 몸짓에 따라 물줄기가 변하는 모습을 보고 즐기는 거야. 아이들은 이처럼 놀면서 자신의 존재감과 유능감을 확인하고 발전시킨단다.

지영아, 기억하니? 어렸을 때 네게는 늘 아끼고 돌봐주는 인형이 있었단다. 겨우 걸음마를 떼었을 무렵, 텔레토비 인형이 있었지. 유치원에 다닐 때는 꼬모라는 강아지 인형이 있었고, 초등학교에 들어간 뒤에는 물개가 있었어. 상상 이야기 속 주인공인 보미의 친구였지. 며칠 전 밤에 엄마와 같이 자고 싶다며 베개를 안고 온 너의 다른 손에는 곰돌이 인형이 있었어. 이제 엄마보다 더 커진 너지만 여전히 곰돌이 인형을 베개 옆에 두고 자지. 그 모습이 얼마나 사랑스럽던지.

초등학교 1학년 때 너는 시카고 대학에 교환교수로 가는 엄마를 따라 함께 미국에 갔어. 방과 후에 집에 오면 너는 항상 꼬모를 챙겼어. 먹이고 재우고 놀아줬지. 밤에 잘 때는 꼭 함께 잤고, 자기 전에는 꼼꼼하게 이불을 덮어주기도 했어. 하도 열심히 이불을 덮어주길래 왜 그러냐고 물었더니 "추우면 꼬모가 감기에 걸리잖아"라고 대답하더구나. 네가 없으면 꼬모는 외로웠지. 산책을 데려가는 사람도, 재워주는 사람도, 밥을 주는 사람도 없었어. 네가 없으면 꼬모가 살 수 없다고 생각한 것도 당연해.

당시 너는 네 인생에서 가장 힘든 시기를 보내고 있었어. 낯선 학교, 낯선 선생님과 아이들, 주변엔 온통 낯선 것들뿐이었지. 게다가 너는 영어에 익숙하지도 않았어. 아이들은 당연히 너를 무시했지. 친구가 없어 학교 마당에서 혼자 우는 모습도 많이 봤단다. 그런 너에게 꼬모는 커다란 위안이 되어줬어. 너는 꼬모를 끊임없이 챙기고 돌봐줬지만, 엄마는 알아. 사실은 꼬모가 너를 챙겨주었다는 것을. 꼬모는 너에게 친구가 되어주었지. 꼬모를 돌보며 너는 존재감을 든든하게 유지할 수 있었던 거야.

남들의 관심과 인정도 중요하지만 그보다 중요한 것은 자기 스스로 가치 있는 존재라고 느끼는 것이란다. 스스로 잘났다고 느끼는 '제 멋'이 있어야 돼. 그래야 일상이 즐겁고, 위기가 닥쳐도 자신을 지킬 수 있단다. 자신이 무능력하다고 여기는 사람에게 일상은 그렇고 그런 일들의 지루한 반복일 뿐이야. 이런 사람들은 위기가 닥치면 쓰러져서 다시 일어나지 못한단다. 아이들은 놀이를 통해 자신의 존재감을 확인하고 자신의 가치를 키워간단다. 위기가 닥쳐도 굴하지 않고 자신 있게 살아갈 '제멋'

을 발전시키는 거지. 마치 네가 꼬모를 돌보며 너 자신의 존재감을 확인했듯 말이야.

실수해도 내 힘으로, 자율성

얼마 전, 아파트 엘레베이터에 네 돌쯤 되어 보이는 아이와 엄마가 탔어. 아이는 깨금발을 딛고 팔을 뻗어 엘리베이터 단추를 누르려고 했어. 아이의 엄마가 물었어. "손 잘 안 닿지? 엄마가 누를까?" 아이는 화들짝 놀라며 "아니, 내가 할 거야"라고 소리쳤어. 그러면서 한껏 팔을 뻗어 겨우 단추를 눌렀어. 그 모습을 보는데, 지상이 어렸을 때가 생각났어. 지상이도 3살 때쯤엔 엘리베이터에 타면 단추를 꼭 제가 누른다고 고집을 부렸어. 무심코 다른 사람이 눌렀다가는 울고불고 난리도 아니었단다. 엘리베이터에서 내렸다가 다시 타서 지상이가 단추를 누르도록 해야 겨우 상황이 정리되곤 했지.

아이들은 잘하지도 못하면서 꼭 자기가 하겠다고 우길 때가 많단다. 다 흘리면서도 혼자서 숟가락질을 하겠다고 하고, 툭하면 넘어지면서도 엄마 손을 안 잡고 혼자 걸으려고 해. 오른쪽과 왼쪽을 바꿔 신어도 꼭 자기 혼자 신발을 신겠다고 하지. 바쁠 때 이렇게 고집을 부리면 엄마는 답답해서 속이 터질 것 같았어. 왜 도와주겠다는데도 말을 안 들을까? 우리 애는 왜 이렇게 고집이 셀까? 엄마들은 별 생각을 다 하지만 아이들이 그러는 데는 다 이유가 있단다. 아이들이 혼자서 하겠다고 고집 부리는 것은 앞으로 다가올 독립을 준비하는 과정이야. 이 시기에 아이들의 자율성을 존중해줘야 아이들이 독립적인 성인으로 잘 커나간단다.

아이들은 놀면서 자율성을 키워나가. 무엇을 하고 놀지 아이가 정하고 역할을 나누고 그 역할을 해나가면서 자율성을 키우지. 지상이의 엘레베이터 놀이 역시 어른들이 보기엔 쓸데없이 고집부리는 행동 같지만, 자신이 정한 놀이를 하면서 스스로 하는 힘을 키웠던 거야. 아이가 별것 아닌 놀이로 시간을 낭비하고 있다고 생각하는 것은 엄마의 착각일 뿐이야. 무엇을 하며 놀든 아이는 자신이 주인이 되어 놀면서 자율성을 키우는 거야. 아이가 잘 놀고 있는데 끼어들어서 다른 것을 하도록 지시하거나 간섭하면 안 돼. 엄마로서 가장 중요한 역할 가운데 하나는 아이가 놀면서 자율성을 키우는 것을 지켜주는 것이란다.

함께하는 놀이 속에서 자라나는 자제심

얼마 전 친구 부부와 저녁을 먹으며 어렸을 때 즐겨 하던 놀이에 대해 대화를 나눴어. 친구 남편이 땅따먹기가 제일 재미있었다고 말하는데, 엄마는 웃음이 터져버렸어. 그분은 부동산 투자로 많은 돈을 모은 사람이었거든. “어렸을 때부터 땅 모으는 데 관심이 많으셨네요.” 엄마의 말에 돌아온 그분의 반응이 정말 재미있었단다. “땅따먹기를 잘하려면 엄청난 자제심이 필요해요. 말을 세 번 튕길 기회가 있는데 세 번 안에 내 땅으로 돌아와야 하지요. 너무 멀리 가면 다시 돌아올 수 없으니 지나치게 욕심을 부려선 안 돼요.” 엄마는 그 말을 듣고 그분이 땅따먹기를 통해 자제심을 배웠다는 것을 깨달았어.

다트 게임을 할 때 잘못 던져 낮은 점수가 나오면 아쉬워서 금방 다시 던지고 싶어지지. 그러나 아무리 다시 하고 싶어도 상대방이 다 던질 때까지 기다려야 해. 아무리 빨리 개구리를 만들고 싶어도 종이접기 책의 지시대로 차근차근 색종이를 접어야 제대로 된 개구리가 탄생해. 윷놀이에서 말을 옮길 때 무조건 빨리 가는 길을 택했다가는 뒤따라오는 상대편 말에 잡혀 모든 것을 잃게 될 수도 있어. 이렇듯 놀이에는 규칙과 절차가 있어. 놀이를 제대로 즐기려면 계획을 세우고 실천할 수 있어야 해. 순간의 본능을 자제해야 해. 아이들은 놀면서 자제심을 배운단다. 네가 어렸을 때 좋아한 얼음 땡 놀이도 알고 보면 자제심을 기르는 놀이야. 엄마가 어렸을 때 좋아했던 무궁화 꽃이 피었습니다도 그렇고. 신호가 있을 때까지 움직이면 안 되잖아. 참을성 없는 어린아이에게 무조건 가만히 있으라고 하면 그 말을 듣겠니? 놀이를 하면서 아이들은 자연스럽게 참을성과 자제심을 키워간단다.

얼마 전 텔레비전을 켰는데, 영화가 방영되고 있었어. 초반부를 지나 중반부가 시작되고 있었지. 앞 이야기가 궁금해진 나는 인터넷을 찾아봤어. 흥미진진한 전개에 엄마는 결말도 궁금해졌단다. 참지 못하고 결국 다시 인터넷을 찾아봤어. 스포일러 주의라는 경고가 붙은 글들을 뒤지다가 드디어 결말을 찾아냈어. 그런데 결말을 알고 나자 신기할 정도로 영화에 대한 몰입도가 떨어지더구나. 엄마는 영화를 끝까지 보지 못했어. 앞 자르고 뒤 자르니 영화 한 편 보는데 채 30분이 걸리지 않았지. 시간을 절약해서 좋다고 생각할 수도 있지만 영화의 장면 장면을 따라가며 느끼는 즐거움은 잃은 셈이야. 디지털 시대에 살면서 어른인 나조차도 참을성과 자제심을 잃어가는 것 같아. 당연히 깊이 있는 즐거움을 느끼는 기회도 점점 들어들지. 무궁화 꽃이 피었습니다나 땅따먹기를 하며 자란 엄마도 이렇게 쉽게 자제심을 잃어버리는데 자극적인 스마트폰이나 PC 게임을 즐기며 자라는 요즘 아이들의 미래는 어떨지. 정말 걱정된단다. 지영아, 너는 귀찮다고 아이 손에 스마트기기를 쥐어주는 엄마는 되지 마렴. 자제심과 상상력을 기를 수 있는 놀이를 많이 할 수 있도록 아이의 환경을 슬기롭게 잘 조성해줘.

인지적 강점을 키우고 약점을 보완하는 놀이

뭐든지 잘하는 아이는 없단다. 알리바바를 창업해 거부가 된 마윈도 학교에 다닐 때는 수학 때문에 꽤 고생을 했다더구나. 지능검사를 해보면 아이들의 머리가 어느 쪽으로 더 발달했는지, 인지적 강점과 약점을 알 수 있단다. 얼마 전 지능검사를 받은 아이가 있었어. 엄마는 아이의 부모님에게 지능검사 결과를 알려줬어. "현수는 만들기는 좋아하는데 책 읽는 것은 싫어하겠네요"라고 말하자 아이의 부모가 신통한 점쟁이를 보듯 엄마를 바라보더라. 사실 지능검사 결과를 보면 점쟁이처럼 아이들이 좋아하는 놀이와 싫어하는 놀이를 맞힐 수 있단다. 인지적 강점과 약점은 곧 놀이로 연결되거든. 공간지각력이 좋은 아이는 만들기를 좋아하고, 언어능력이 좋은 아이는 책 읽기를 좋아해. 맥락 파악을 잘하는 아이는 사회성이 좋아서 또래 관계가 좋단다. 잘하는 것을 좋아하게 되는 것은 당연한 결과야. 좋아하니까 더 잘하게 되는 거지. 이처럼 인지적 강점은 놀이로 연결되고, 놀이는 강점을 더 강하게 만든단다.

그런데 놀이를 통해 강점만 키울 수 있는 건 아니야. 약점을 보완할 수도 있단다. 철강왕 카네기의 이모부는 시 낭송이 아이들의 교육에 대단히 중요한 역할을 한다고 믿었어. 어린 카네기는 사촌과 함께 시를 외워 낭송할 때마다 이모부에게 용돈을 받았대. 시의 뜻도 모르고 무작정 외우는 게 재미있을 리 없었겠지만, 어린 카네기는 용돈 받을 생각에 하루가 멀다 하고 시를 외워댔다는구나. 카네기는 자서전에서 이모부의 이런 교육 방침 덕분에 자신의 기억력이 놀라울 만큼 좋아진 것 같다고 말했어.

언어능력이 떨어지는 아이는 책 읽기를 싫어하고 운동신경이 없는 아이는 운동하기를 싫어해. 약점을 보완하려면 그 부분을 강화시키는 놀이를 해야 하는데, 대부분의 경우 아이들은 자신이 못하는 것은 하기 싫어한단다. 수학을 못하는 아이는 수학을 싫어하지. 인지적 약점을 지루한 공부로 보강하려는 것은 아이를 고문하는 것이나 마찬가지야. 못하는 것일수록 놀이를 통해 즐겁게 채워줘야 해. 아이가 못하는 것에 흥미를 붙이도록 하려면 당연히 더 많은 공을 들여야 한단다. 아이가 좋아하는 치킨을 먹이는 것은 쉬워. 그러나 싫어하는 야채를 먹이는 것은 부모에게도 힘든 일이란다. 놀이도 마찬가지야. 좋아하는 것은 말려도 해. 그러면서 그 방면의 뇌가 발달하지. 반면 싫어하는 것은 요리조리 피하며 하지 않으려고 애쓴단다. 그러면 그에 해당하는 능력은 개발되지 않거나 그나마 있던 능력마저 퇴화하고 말지. 싫어하는 것을 좋아하게 만드는 것, 그것은 부모의 몫이야. 그래서 부모 노릇이 어렵고도 보람 있는 것이란다.

아이가 싫어하는 놀이에 흥미를 갖도록 하려면 먼저 놀기 편안한 환경을 만들어주어야 해. 아이의 수준에 맞는 놀잇감을 준비해주는 게 좋아. 아주 쉬운 것부터 시작하는 거지. 아이가 잘 따라오지 못해도 재촉하지 마. 넓은 마음으로 하나하나 알려줘. 그리고 아이가 조금씩 따라오면 칭찬으로 놀이에 대해 즐거운 기억을 심어줘. 그러면 아이는 다음에 더 쉽게 그 놀이를 하고 더욱 흥미를 갖게 된단다. 예를 들어볼게. 책 읽기 싫어하는 아이가 있어.

그 아이에게 책을 읽으라고 해봐야 이 핑계 저 핑계 대면서 책을 읽지 않으려고 할 거야. 그럴 때는 책을 읽어주는 것부터 시작해야 돼. 읽는 것보다 듣는 게 더 쉽지 않을까? 책 읽기를 싫어하는 아이라도 엄마가 읽어주면 무슨 이야기인지 귀 기울여 듣는단다. 다만 책을 고르는 것은 아이 몫으로 남겨두렴. 계속 같은 책을 고집하더라도 아이의 선택을 존중해줘. 무슨 책이 좋은지 묻는 것은 무엇이 먹고 싶은지 묻는 것과 비슷하단다. 내가 고른 메뉴가 상대방 입맛에는 영 아닐 수도 있지. 책도 마찬가지야. 아이에게 좋을 거라고 생각해서 선택한 책이 정작 아이에게는 재미없을 수도 있단다. 역시 가장 좋은 방법은 아이에게 물어보는 거야.

아이가 글을 읽기 시작하면 번갈아가며 책을 읽으렴. 한 줄은 엄마가, 다음 한 줄은 아이가 읽는 식으로 조금씩 아이가 직접 책을 읽도록 도와주는 거야. 익숙해질수록 아이가 읽는 부분이 조금씩 더 많아지도록 하면서 말이야. 이렇게 하다 보면 책을 싫어하던 아이도 점점 책에 흥미를 갖게 될 거야.

리더십은 놀이에서 만들어진다

사람의 뇌는 크게 세 개 층으로 이루어져 있어. 1층은 혈압, 맥박, 체온 등 생존과 관계된 부분이고, 2층은 주로 감정이 생성되는 곳이며, 3층은 주로 이성이 작동하는 곳이야. 다른 동물에 비해 인간의 뇌는 3층이 가장 발달돼 있는데, 인간이 혼자 사는 동물이라면 이렇게 3층이 발달될 이유가 없었을 거야. 3층은 사회적인 작용을 위해 필요한 부분이야. 다른 사람과 잘 어울려 산다는 것은 가장 고차원적인 뇌 기능을 요하는 일이지. 리더십이 있는 사람은 눈치가 빠르고, 다른 사람들과 잘 어울리려는 동기와 의지가 있어. 배려와 양보심이 강하고, 참을성도 뛰어나지. 사람들 사이에 갈등이 생겼을 때 적절한 갈등 조정 능력을 발휘하고. 그런데 아니? 놀이는 사회성과 리더십을 키워준단다.

얼마 전 한 자매와 그 엄마가 노는 것을 관찰할 기회가 있었어. 큰애는 6살, 작은애는 4살이었어. 소꿉놀이를 하는데 큰애는 엄마, 작은애는 아기, 엄마는 아빠 역할을 맡았지. 큰애가 요리를 하며 플라스틱 장난감 칼로 감자를 자를 때였어. 작은애가 자기도 하고 싶다며 칼을 빼앗으려고 했지. 큰애가 "아기는 칼을 쓰면 안 돼. 다쳐"라고 외치며 칼을 주지 않자 작은애는 금방이라도 울음을 터트릴 것 같았어. 낌새를 알아챈 큰애가 작은애에게 금방 "알았어. 칼 줄게. 그런데 아기는 칼을 쓰면 위험하니까 네가 엄마 해. 이제부터 내가 아기 할게"라고 하면서 자연스럽게 역할 조정을 하더구나. 작은애는 만족스러운 얼굴로 칼을 잡고 고기를 썰기 시작했어. 참으로 탁월한 조정능력이지? 이 아이들의 놀이를 지켜보면서 엄마는 애들이 소꿉놀이를 통해 역할 분담, 양보, 참을성, 타협, 갈등 조절까지 리더가 갖추어야 할 덕목을 차근차근 익혀나가고 있다는 걸 깨달았단다.

또 다른 예를 들어볼까? 아이들이 편을 갈라서 축구를 할 때도 마찬가지야. 아이들은 대부분 공격수를 하고 싶어 하지. 다른 애들이 공격수 자리를 먼저 차지해서 골대 앞 수비수 자리만 남았다면 어떻게 해야 할까? 놀이가 이어지려면 공격수를 하겠다고 고집을 부리기보다는 일단 수비수 자리에서 열심히 수비를 해야 돼. 그 자리에서 자신의 능력을 입증하고 다음 기회에 공격수 자리를 잡아야 하지. 그런데 대부분의 경우, 아이들은 이런 역할 조정을 능숙하게 해낸단다. 이번에 수비수를 맡은 아이가 다음 게임에서 원하는 포지션을 선택하도록 해주는 거지. 경기를 할 때도 아이들의 모습은 놀라울 정도야. 골을 넣었을 때 그것이 오프사이드냐 아니냐를 판정하는 과정을 보면 아이들이지만 제법 논리적으로 보인단다. 복잡한 규칙을 나름대로 이해하고 적용하는 모습은 신기하기까지 해. 언뜻 보면 단순히 공차기를 하는 것 같지만 아이들은 축구를 하면서 근력과 운동신경을 키우는 것은 물론이고 규칙을 지키는 참을성, 다음 기회가 올 때까지 기다리는 끈기, 공을 쫓는 집중력, 기회가 왔을 때 당황하지 않는 침착함, 갈등이 생겼을 때 조정하는 능력, 사람들과 잘 어울리는 데 필요한 능력까지 리더가 되는 능력을 키우고 있는 거야. 공부만 해서는 절대로 리더십을 익힐 수 없단다. 리더십을 익히기 위해서도 아이들에게는 놀이가 중요해.

엄마와 주고받는 말놀이 속에서 아이의 언어는 발달한다

아직 말을 하지 못하는 돌 전의 아기들도 사람의 목소리가 들리면 특별한 관심을 보인단다. 부모가 아기 앞에 앉아서 눈을 맞춘 채 아기의 옹알이를 따라 하면 아이는 더 열심히 옹알이를 해. 부모의 목소리, 고저, 표정, 입술 모양 등을 관찰해서 이런 것들을 섬세하게 구분하고는 다양한 옹알이로 반응을 보이지. 아이와 부모가 서로 옹알이 소리를 주고받으면서 대화의 기본인 서로 주고받기 연습을 하는 거야.

얼마 전 시장에서 낯선 과일을 봤어. 신기해서 한참 바라보고 있는데 주인이 나와서 망고스틴이라는 열대과일이라고 알려줬어. 낯선 이름이었지만 금방 그 과일의 이름을 외웠어. 이처럼 관심 있어 하는 것을 알려주면 언어를 더 빨리 배울 수 있단다.

아이에게 언어를 가르쳐주기 위해서는 무엇보다 타이밍이 중요해. 아이가 관심을 가지고 볼 때, 바로 그때가 적절한 타이밍이야. 아이가 가지고 놀고 있는 물건의 이름을 알려주면 아이는 더 빨리 말을 익힌단다. 알려주고 싶은 단어가 있으면 먼저 아이의 관심을 유도해봐. 사과를 쥐어주고 사과에 관심을 보일 때, 그때 사과라고 말해주면 아이는 더 쉽게 사과라는 단어를 익힐 거야.

대화를 잘하려면 상대방의 이야기를 듣고 말하는 기본적인 훈련이 돼야 해. 상대방의 말은 듣지 않고 자기 이야기만 한다면 대화라고 할 수 없지. 듣고 말하는 연습은 아주 어릴 때 놀이를 통해 익힐 수 있단다. 까꿍, 잼잼처럼 함께 노래를 부르며 율동하는 놀이는 아이가 대화를 위한 기본적인 태도를 익히는 데 도움이 돼. 네가 어렸을 때 손바닥을 마주치며 "푸른 하늘 은하수"라는 가사로 시작하는 〈반달〉이라는 노래를 함께 불렀던 거 기억나니? 가사를 바꿔 불러주면 너는 깔깔거리며 좋아했단다. 지금도 눈을 반짝이며 혀 짧은 소리로 엄마의 노래를 따라 부르려고 애쓰던 네 모습이 눈앞에 선하구나.

처음 입을 뗀 후 말할 줄 아는 단어가 늘기 시작하면 '코코코 눈, 코코코 머리' 같은 놀이를 통해 신체 부분의 이름을 알려주렴. 율동을 곁들여 노래를 부르며 신체 부위의 이름를 알려주는 것도 좋아. 아이가 하는 말을 조금씩 확장해서 되풀이해주면 말이 빨리 늘 거야. 예를 들어, 아이가 "과자"라고 말하면 "맛있는 과자", "과자 주세요", "우유 과자" 등 단어를 하나를 더 더해서 다시 말해주는 거지.

지상이가 어렸을 때 좋아한 놀이 중에 동물 소리 내기가 있어.

엄마 강아지 멍멍.

지상이 멍멍.

엄마 오리 꽥꽥.

지상이 꽥꽥.

이런 식으로 다양한 동물 소리를 흉내 내면서 노는 거야. 특별해 보이지 않는 놀이이지만 지상이는 이 놀이를 통해 동물의 특징을 익히고 말도 더 늘었어.

아이가 글을 읽기 시작하면 책이 언어 발달에 큰 도움이 된단다. 네가 어렸을 때 엄마는 잠들기 전에 꼭 책을 읽어줬어. 너는 만화영화를 그림책으로 만든 책을 무척 좋아했단다. 네게 무슨 책을 읽어줄까 물어보면 늘 그 책을 골랐어. 엄마는 밤마다 같은 책을 읽어주고 또 읽어줬지. 수십 번 읽어줘도 너는 그 책을 좋아했어. 때로는 네게 물어보지 말고 그냥 다른 책을 고를까 하는 생각도 들었어. 네가 더 많은 것을 배울 수 있도록 다양한 책을 읽어주고 싶었거든. 하지만 지금 와 생각하니 네 선택을 존중한 게 잘한 결정이었다는 생각이 들어. 영어 단어를 한 번 본다고 다 알 수 없는 것처럼, 언어는 반복을 통해 발달한단다. 같은 책이라도 좋아. 아이가 좋아하면 몇 번이고 다시 읽어 주렴. 아이의 언어 발달에 큰 도움이 될 거야. 게다가 섣불리 엄마의 취향을 강요하면 아이가 책 자체에 흥미를 잃을 수도 있단다. 그러면 큰일이잖니.

재미를 따라 하다 보면 아이의 뇌와 몸은 쑥쑥 자란다

처음 걸음마를 떼고서 아이가 잘 걷게 되기까지는 많은 연습이 필요해. 다행스러운 것은 누가 일부러 억지로 시키지 않아도 아이는 알아서 열심히 연습을 한다는 거야. 겨우 걸음마를 떼기 시작했을 때 너는 편한 유모차를 마다하고 무조건 두 발로 걸으려고 했어. 가다가 넘어져도 개의치 않았지. 바쁠 때는 그냥 안고 가는 게 빠르다는 이유로 널 안아들면 직접 걷겠다고 고집을 부렸어. 아이들은 누가 시키지 않아도 주저앉기를 반복하면서 끊임없이 걷기 연습을 한단다. 그러다 겨우 걷기 시작하면 그때부터는 뛰려고 하지. 아이에게는 이런 반복이 고단한 과정이 아니라 그야말로 즐거운 놀이란다.

다리의 운동능력뿐만 아니라 손의 움직임 역시 연습을 통해 숙달하는데, 아이들은 놀면서 미세한 근육 운동능력을 개발한단다. 항상 노란색 블록 서너 개를 들고 다니던 3살짜리 아이가 있었어. 얼마나 블록을 좋아하는지 잘 때도 머리맡에 놓아둘 정도였단다. 그 아이는 블록 맞추기를 제일 좋아했어. 눈만 뜨면 하루 종일 블록을 맞췄다가 해체하기를 반복했지. 단순하기 짝이 없는 놀이를 반복하는 것 같지만 아이는 열심히 손의 미세 운동능력을 키우고 있었던 거야. 블록 놀이를 잘하려면 요철을 잘 맞추어야 하고 힘을 잘 조절해야 돼. 해체하는 것도 마찬가지야. 요령과 손의 감각이 필요하지.

아이는 누가 시키지 않아도 스스로 미세한 손의 운동능력과 더불어 뇌의 운동신경을 훈련시켜. 곤지곤지 잼잼, 가위질, 종이접기, 로봇 조립, 공기 놀이, 다트 게임 등 아이들의 놀이는 미세 근육 운동능력을 개발하고 뇌 발달을 촉진시킨단다. 야구, 볼링, 공차기, 줄넘기 등 정확한 타이밍을 요하는 놀이를 반복하면서 시각 협응 능력을 개발시키기도 하지.

어느 날 길을 가는데 "넓은 길 놔두고 왜 거기로 다녀. 그러다 넘어지려고"라는 걱정 어린 목소리가 들려 뒤를 돌아봤어. 초등학교 1학년쯤 돼 보이는 남자아이가 보도블록이 아닌 화단 경계석 위를 아슬아슬하게 걸어서 엄마를 따라가고 있더구나. 엄마에게 꾸지람을 들으면서도 아이는 그렇게 가는 것을 즐거워했어. 줄타기 명인처럼 양팔을 넓게 펴고 좌우로 흔들거리며 좁은 경계석 위를 열심히 걸어가더구나.

생각해보니 엄마도 어렸을 때 그랬던 기억이 났어. 좁은 경계석 위에 올라가 어렵게 균형을 잡으며 겨우 한걸음 한걸음 걷는 것이 평평하고 넓은 대로를 그냥 걷는 것보다 훨씬 재미있었어. 왜 아이들은 넓은 길을 놔두고 그런 아슬아슬한 줄타기를 즐기는 걸까? 아이들은 단지 스릴을 즐기는 게 아니야. 아이들은 균형을 잡는 능력이 어른보다 부족하기 때문에 잘 넘어지지. 아이들은 화단 경계석을 걸으며 필요한 균형감각을 익히고 있는 거란다.

아무리 시각 협응 능력이 좋고 균형감각이 좋아도 그것을 받쳐줄 근육의 힘이 없으면 넘어질 수밖에 없어. 아이들은 놀면서 근육의 힘도 키운단다. 어렸을 때 지상이는 바닥보다 소파 위로 걸어 다니고 침대 위를 올라 다니는 것을 더 좋아했어. 평평한 바닥보다 소파와 침대를 오르내리다 보면 몸을 더 많이 쓰게 돼. 이처럼 아이는 재미있어서 하는 일이지만 열심히 놀다 보면 자기도 모르는 사이에 근력을 키워진단다.

시간을 내서 따로 노는 게 아니어도 아이들이 재미있어 하는 일상의 모든 행동에는 다 이유가 있어. 배가 고픈 사람이 냄새를 맡고 음식을 찾듯, 아이의 뇌는 재미를 통해 자신에게 필요한 활동을 알아차리고 반복해서 습득한단다. 달리기, 수영, 태권도, 자전거, 공놀이 등 운동이 아이들의 근력을 발달시키는 것은 당연한 이야기야. 그런데 중요한 것은 아이마다 좋아하는 운동이 다르다는 거야. 너는 삶은 감자는 싫어해도 감자를 갈아서 부친 감자전은 좋아했어. 운동도 마찬가지야. 어떤 운동을 싫어한다면 종류를 바꿔서 다른 운동을 경험해보게 해주렴.

뇌는 아이의 발달 과정에 딱 맞는 운동 처방을 알아서 척척 내려준단다. 아이들은 재미에 끌려 그 시기 뇌 발달에 가장 필요한 놀이를 해. 재미있게 하다 보면 균형감각, 운동신경이 저절로 쑥쑥 개발된단다. 놀기만 해도 뇌 발달이 되니 얼마나 신기하니?

현명한 엄마로 거듭나는 육아 TIP

놀이를 통해서 아이들은 삶의 자양분을 만들어갑니다.
책에서는 배울 수 없는 것들을 자연스럽게 키워나갑니다.

아이의 인성을 구성하는 것은 다양합니다.

자존감, 자제심, 자율성, 자신감 등 놀이는 인성의 다양한 요소를

자연스럽게 익히게 해줍니다.

별거 아닌 놀이를 하면서도 아이의 뇌는

우리가 모르는 사이에 성장하고 있습니다.

무엇인가를 가르쳐주지 않아도 아이는 필요한 것을

놀이를 통해 습득합니다.

이때 엄마의 역할이란, 아이에게 적절한 놀이를 제시해주고

자연스럽게 같이 놀아주는 것입니다.

놀이를 할 때 정확한 목적성을 가지고 아이에게 지시하지 마세요.

엄마는 그저 아이의 보조자 역할만 해주면 됩니다.

욕심을 갖고 놀이를 바라보지 마세요.

아이와 함께 즐겁고 자연스럽게 놀 때 아이의 뇌는 쑥쑥 성장합니다.

마음이 풍요로운 아이,
놀이로 키운다

…

부모의 관심과 놀이의 즐거움은
아이의 스트레스를 날려버린다

아이들도 우울증에 걸린단다. 그런데 아이들의 우울증은 성인의 우울증과 겉으로 보이는 증세가 조금 달라. 어른이 우울증에 걸리면 늘 우울하고 기운 없고 짜증스럽고 피곤하다고 호소하지. 만사 귀찮고 재미있는 것도 없고 자신이 무가치한 존재로 느껴지고 더 이상 희망이 없다고 생각해. 입맛도 변해서 너무 많이 먹거나 식욕이 떨어져서 잘 못 먹기도 해. 자도 자도 졸려하거나 아예 불면증에 시달리기도 하지. 우울증에 걸린 어른은 언뜻 보기에도 우울해 보여. 그러나 아이들의 우울증은 아주 심해지기 전까지는 겉으로 보기에 별다른 점을 찾을 수 없단다. 우울증이 좀 더 깊어지면 짜증이 많아지거나 심하게 화를 내기도 해. 좋아하는 것만 하려 하고 싫어하는 일은 하기 싫어서 계속 미루거나 하지 않으려 해. 학교에 가기 싫어하고 숙제나 학원을 빼먹기 일쑤지. 게임이나 텔레비전같이 상대적으로 쉽게 흥미를 가질 수 있는 것들만 붙들고 늘어져서 얼핏 보기에는 게을러진 것처럼 보인단다. 그러나 아이에게 자세히 물어보면 나이답지 않게 만사 귀찮고 기분이 안 좋고 짜증이 많다는 것을 알 수 있어. 치료도 어른의 우울증과 아이의 우울증은 차이가 커. 어른의 우울증은 약물 치료 효과가 좋은 반면 아이의 우울증은 약물 치료보다는 가족이나 학교 환경을 바꿔주는 게 더 효과적이란다.

당연한 이야기이지만 아이들은 환경의 영향을 많이 받아. 아이 하나를 키우는 데 마을 하나가 필요하다는 아프리카 속담이 있지. 아이들은 자신이 매일 접하는 가족의 영향을 가장 많이 받아. 그리고 그 가족은 가족이 살아가는 지역사회, 가족의 직장, 넓게는 가족이 속한 국가와 법 체계 등에 영향을 받는단다. 한 가지 예를 들어볼게. 부모들만 노력해서는 별다른 변화가 없던 아동 성폭력 예방 문제는 아동 성폭행범에 대한 처벌을 강화하도록 법이 바뀌면서 진전이 있었어. 부모에게만 맡겼던 아동

학대 문제도 지역사회가 나서고 법 체계가 바뀌면서 나아지고 있단다.

얼마 전 우울증 때문에 진료받은 아이가 있었어. 그 아이가 우울증에 걸린 이유는 집에 혼자 있는 시간이 많기 때문이었어. 맞벌이하는 부모는 바쁘기도 했지만 직장이 멀어서 하루에 4시간 정도를 길에서 보내야 했어. 아이는 늘 혼자서 저녁을 먹었어. 부모는 아이에게 미안해했지만 좀 더 나은 미래를 위해 어쩔 수 없다고 생각했지. 그러나 아이가 우울증에 걸렸다는 진단을 받자 결단을 내렸어. 집을 옮겨 되도록 아이와 함께 저녁을 먹을 수 있게 가족의 생활 패턴을 조정했어. 아이는 곧 웃음을 되찾았지. 병원의 치료보다 가족표 약이 더 효과가 있었던 거야.

어른들이 과도한 스트레스 때문에 우울증에 걸린다면 아이들은 과도한 스트레스뿐만 아니라 지나치게 자극이 없는 것 때문에도 우울증에 빠진단다. 즉, 오랜 시간 외롭고 심심하면 우울증이 생겨. 맞벌이로 부모가 너무 바빠서 아이와 함께 있을 시간이 없거나 부모와 같이 살아도 대화가 적은 집이라면 아이가 무기력증에 빠지기 쉽단다. 우리나라 어른들은 일하는 시간이 너무 길어. 당연히 아이와 같이 있는 시간이 적을 수밖에 없지. 이래서는 아이들이 잘 자라기 어려워. 엄마 생각에는 아이를 많이 낳지 않는 것도 부모의 일하는 시간이 긴 것과 연관이 있는 것 같아. 아이를 많이 낳고 그 아이들이 잘 자라려면 부모만 잘해서 되는 게 아니야. 아이가 부모와 많은 시간을 보낼 수 있는 사회와 문화, 법 체계의 변화도 필요하지. 빠른 시일 내에 그런 변화가 일어나길 바란다.

부모가 아이와 오래 있어주지 못할 때 아이를 지켜주는 것은 바로 놀이란다. 신나게 놀기라도 하면 아이는 활력을 얻을 수 있어. 놀이의 즐거움이 아이의 외로움과 스트레스를 해소해주는 거야. 그런데 맞벌이를 해서 아이와 있을 시간이 적은 부모일수록 아이가 노는 것을 불안해하는 경우가 많아. 아이를 제대로 돌보지 못한다는 불안감 때문에 우리 아이만 뒤처지면 어쩌나 걱정하게 되거든. 그래서 아이와 함께하는 짧은 시간 동안 "그만 놀고 공부해라", "숙제는 했니?"라고 챙기기 바쁘단다.

그러나 아이가 잘 크려면 마음의 자양분을 챙기는 게 더 중요해. 부모가 바쁜 아이들, 이런 아이들에게 놀이는 아이를 잘 크도록 하는 자양분이 되어준단다. 그마저 못하게 하면 아이가 무슨 낙, 무슨 힘으로 살겠니? 엄마는 그래서 틈만 나면 너와 놀아주려고 했어. 지금 생각해도 참 잘한 일이라고 생각해. 얼마 전 네가 엄마와 함께 논 어렸을 적 추억이 많다고 했지? 그 추억들은 아주 오랫동안 네게 든든한 버팀목이 되어줄 거야. 네게 어려움이 닥쳤을 때 너를 지켜주는 것은 공부하라고 잔소리하던 엄마의 모습이 아니라 너와 놀아주던 따뜻한 엄마일 테니. 네 아이도 엄마와 즐겁게 논 추억이 많았으면 좋겠구나.

상처를 치유하는 놀이의 힘, 힐링 파워

지영아, 초등학교 저학년 때 엄마와 같이 기저귀 갈기 놀이 했던 거 기억나니? 네가 정말 좋아하는 놀이였지. 너는 아기, 나는 엄마 역할을 했어. 네가 아기처럼 응애 응애 우는 소리를 내면 나는 네 기저귀를 벗기고 물티슈로 닦고 아기 분을 바르고 다시 기저귀를 채우는 시늉을 했지. 진짜 기저귀, 물티슈, 아기 분 없이 허공에서 손을 놀리며 흉내를 내는 놀이였는데, 어쩌다가 내가 실수로 분을 바르는 것을 빼먹으면 너는 어김없이 "아기 분도 뿌려야지"라고 지적하며 순서대로 정확히 기저귀를 갈라고 요구했어. 한자리에 앉아 수십 번이나 똑같은 행동을 반복하면서 왜 지영이는 이 놀이에 이렇게 집착할까 생각해봤어. 나름 짐작되는 게 있었어.

네가 두 돌이 갓 지났을 무렵의 일이야. 그때 너는 엄마, 아빠, 오빠와 함께 미국 뉴저지에 살고 있었어. 미국 연수를 온 엄마, 아빠는 낯선 환경에 적응하며 일하고 두 아이를 돌보느라 매일 파김치가 되곤 했지. 그날도 엄마는 누가 업어가도 모를 정도로 깊이 잠들었어. 그런데 엄마의 육감이랄까, 뭔가 이상한 느낌에 퍼뜩 잠에서 깼지. 아니나 다를까 어두운 방에 너 혼자 깨서 앉아 있더라. 불을 켜고 보니 너는 곧 울음을 터트릴 듯 당황한 기색이 역력했어. 설사를 했는데 묽고 양이 많아 기저귀 밖으로 넘쳐 요에까지 묻어 있었어. 너는 요에 묻은 설사를 손으로 문지르고 있었고.

설마 엄마가 깰까 봐 자기가 치우려고 한 걸까? 너는 당시에 두 단어로 된 문장은커녕 단어 몇 개만 겨우 말하는 정도였어. 말도 제대로 못하는 아이가 자기가 한 설사를 치우려고 했다고? 말을 못하니 네가 왜 그랬는지 물어볼 수 없었지만 힘든 상황에서 아이답게 울면서 도움을 청하기 어려울 정도로 내가 어렵고 무서운 엄마였나 하는 생각에 가슴이 철렁했단다. 깜깜한 방에서 혼자 깨어나 울먹거리던 네 모습은 오랫동안 생생하게 남아 엄마 마음을 아프게 했어.

그런데 그날 밤의 아픈 기억은 내게만 남은 게 아닌 듯했어. 몇 년이 지난 뒤에 너는 기저귀 갈기 놀이에 집착했어. 같은 자리에서 수십 번 반복했지. 그것도 정확한 규칙대로 반복했어. 사실 많이 피곤한 날에는 그런 네게 맞춰주면서도 짜증이 났어. 때로는 지루하기도 했지. 그러나 네가 집착할수록 그 놀이가 네게 중요한 의미가 있는 것 같다는 생각이 들었어. 기저귀 갈기 놀이를 통해 네 마음의 무언가를 풀려고 하는구나 싶었어. 엄마는 네가 시키는 대로 수십 번도 넘게 기저귀를 가는 흉내를 냈지. 영원히 계속될 것 같던 기저귀 놀이는 몇 달이 지나자 시들해하더라. 아마 네 마음속의 뭔가가 다 해소되어서 성에 찼던 모양이지. 얼마 전 이제 대학생이 된 네게 물어봤어. "지영아, 너 어렸을 때 기저귀 가는 놀이 좋아했던 거 기억나?" 너는 대답했어. "기억나. 그때 내가 그 놀이를 얼마나 좋아했는데." 환하게 웃는 너를 보면서 그 놀이를 통해 네 트라우마가 극복되었다는 것을 알게 되었단다.

얼마 전에 교통사고로 엄마를 잃은 5살짜리 아이의 놀이를 관찰한 적이 있어. 엄마와 같이 차를 타고 가다가 엄마는 죽고 아이만 간신히 살았단다. 아이는 3층으로 된 장난감 모형 주차장에 작은 모형 차들을 질서 있게 주차하며 놀더구나. 혹시나 다른 사람이 차의 위치를 조금 바꾸려고 하면 "아니, 그게 아니고, 그건 여기에 세워야 돼" 하면서 일일이 자기 손으로 다시 주차시켰어. 아이의 주차 놀이는 지루할 정도로 길게 반복됐지. 아이의 할머니 이야기를 들어보니 집에서도 그러고 논다고 했어. 사고 전에는 그렇지 않았대. 사고를 겪은 후에 바뀐 것이지. 할머니가 물었어. "요즘 맨날 저러고 노는데 못하게 막고 다른 놀이를 하도록 해야 할까요?" 나는 그냥 두는 게 좋을 것 같다고 했어.

갑작스레 거대한 뭔가가 삶을 덮쳤고 속수무책으로 당할 수밖에 없었으니 그 절망감과 무기력감은 말로 다 표현할 수 없었을 거야. 아무것도 통제할 수 없다는 무기력감은 매 순간 아이를 공포의 나락으로 밀어 넣었겠지. 주차 놀이를 할 때는 비록 작은 모형차이지만 차들은 전적으로 그 아이의 통제하에 있잖

아. 아이는 주차 놀이를 통해 잃었던 통제감을 회복하고 있었던 거야. 어느 정도 통제감을 회복하고 무기력감에서 벗어나면 아이는 누가 더 하라고 해도 다른 놀이를 시작할 거야.

치과 치료를 받고 돌아온 아이가 인형 입에 대고 "아 하세요", "지잉" 하며 치과 놀이를 한다든지, 예방주사를 맞고 온 아이가 "주사 맞으세요" 하며 장난감 주사기를 들고 엄마를 쫓아다니는 것은 다 이유가 있단다. 아이들은 놀이를 통해 자신의 트라우마를 치유해. 혹시 네 아이가 속상하고 무서운 일이 있어서 같은 놀이를 반복한다면 그냥 받아주렴. 엄마가 기저귀 갈기 놀이를 하염없이 계속했듯 말이야. 네가 보기에 무의미하고 지루한 놀이어도 아이에겐 중요한 의미가 있을 수 있어. 그냥 그렇게 아이가 원하는 대로 같이 놀아주다 보면 아이는 놀면서 스스로 자신을 치유한단다.

놀이는 과거와 현재를 이어주는 밥풀이다

요즘 들어 가슴이 먹먹하도록 그리운 사람이 있어. 바로 아기 지상이와 아기 지영이란다. 기저귀를 찬 통통한 엉덩이를 실룩거리며 뒤뚱뒤뚱 걸어 다니던, 좋아하는 음악 소리에 엉거주춤 춤을 추던, 비행기를 태워주면 세상이 떠나가라 큰소리로 깔깔

웃던 아기 지상이, 아기 지영이를 보고 싶어. 엄마가 이런 이야기를 하면 지상이와 너는 서운한 듯 묻곤 하지. "왜? 이제는 더 이상 내가 안 예뻐?" 물론 엄마는 지금도 너와 지상이를 많이 사랑해. 그러나 그 시절의 너희들은 그때만 만날 수 있는 거잖아. 너도 네 자식이 크면 어렸을 적의 모습이 그리울 거야. 아이가 까르르 웃는 그 순간은 다시 오지 않는단다. 아이가 어릴 때 충분히 놀아주렴. 그 찬란한 순간을 놓쳐서야 되겠니?

엄마가 처음 스케이트를 신어본 것은 국민학교 1학년 겨울방학 때였어. 네 할아버지가 지금은 동대문역사문화공원으로 바뀐 동대문운동장 근처에서 스케이트를 사주셨어. 처음 신어보는 스케이트, 넘어지고 뒤뚱거리면서도 얼마나 재미났는지. 스케이트보다 나를 더 신나게 했던 것은 그런 나를 바라보는 아버지의 흐뭇한 미소였단다. 겨울치고는 포근했던 그해, 스케이트장에서 나를 지켜보던 아버지의 미소는 평생 나를 지켜주는 든든한 힘이 되었단다.

초등학교 1학년 때 너는 시카고의 낯선 학교에서 아이들에게 무시당하며 마음고생을 심하게 했어. 하루는 너를 데리러 학교에 갔다가 네가 친구들에게 무시당하는 모습을 지켜보게 되었어. 네가 놀자고 해도 아이들은 대꾸도 안 했지. 결국 너는 운동장 한구석에서 눈물을 흘리더라. 그것을 본 엄마의 마음이 얼마나 찢어지게 아팠는지. 그때의 경험으로 네게는 꽤 오랫동안 따돌림에 대한 두려움이 있었어. 한국에 돌아온 후, 새 학기 때마다 너는 친구가 없으면 어쩌지 걱정하며 등교를 하곤 했지. 다행히 너는 좋은 친구들을 많이 만나 더 이상 친구가 없을까 봐 걱정하지 않게 되었어.

네가 어렸을 때 친구들과 지금까지 잘 지내는 것을 보면 다행이라는 생각이 들어. 어렸을 때 친구가 좋은 이유는 아무리 오랜만에 만나도 어린 시절 같이 놀던 이야기를 하면 어제 본 듯 서먹함 없이 편하기 때문이야. 함께 놀던 추억들. 그 추억들이 밥풀이 되어 오래오래 우정을 간직하게 된단다.

얼마 전에 너와 지상이와 함께 이야기를 나누다가 물었지. "엄마가 어렸을 때 같이 놀아주었던 거 기억나니?" 너희들은 밝은 얼굴로 금세 기억난다고 대답했어. 지상이는 발목을 잡고 거꾸로 들어 올리면 깔깔거리며 얼굴이 빨개지도록 더 해달라고 졸랐지. 너는 비행기 태워주기, 보미 이야기 만들기, 푸우 냉장고 놀이, 햄토리 놀이 등을 좋아했어. 내가 그런 놀이를 해주었나 싶은 것들도 너희들은 잘 기억하더구나. 이제 다 커서 어른이 되었지만 어렸을 때 엄마와 했던 놀이들을 이야기하니 동심이 되살아난 듯 얼굴이 밝아지더라. 너와 네 아이가 먼 훗날 시간 가는 줄 모르고 나눌 이야기는 공부 이야기가 아니야. 함께 놀았던 즐거운 추억이지. 놀이는 밥풀이란다. 놀이는 나와 너를 이어주었고, 또 너와 네 아이를 이어줄 거야.

놀이의 반대는 지루함이 아니라 현실이다

네가 초등학생 때 좋아하던 놀이 중에 보미 이야기 만들기가 있어. 네가 잠자리에 들면 엄마는 네 옆에 누워 엄마가 만든 보미 이야기를 해줬어. 어린 네게 보미 이야기를 해줄까 물으면 거절하는 법이 없었어.

엄마가 만든 이야기 속 초등학생 보미는 학교 앞 문방구에 가기를 좋아했어. 그 문방구에는 보미가 원하는 것이 다 있었지.

엄마 지영아, 오늘은 보미가 뭘 사러 왔다고 할까? 아주머니에게 네가 말해볼래?

지영 물개요. 하늘을 나는 물개.

엄마 (아줌마 목소리로) 보미가 하늘을 나는 물개가 갖고 싶구나. 마침 하늘을 나는 물개가 있네. 자, 여기 있다. (엄마 목소리로) 보미가 하늘을 나는 물개를 받았대. 그런데 그 물개가 보미에게 말을 거네. (물개 목소리로) 보미야, 반가워. 네가 나를 찾아줘서 너무 좋아. 우리 오늘은 뭐하고 놀까?

지영 물개 나라에 가고 싶어.

엄마 (물개 목소리로) 그래? 그럼 내 등에 타. (엄마 목소리로) 보미는 물개 등에 타고 물개 나라에 갔대. 물개 나라에는 뭐가 있다고 할까?

지영 물개 친구들이 많아.

엄마 그래, 물개 나라에 가니까 물개 친구들이 많았어. 물개 나라 친구들은 다 보미를 좋아했대. 그런데 한 친구가 보미가 너무 좋다면서 계속 같이 있어달라고 하네. 어쩌지? 보미는 다른 친구들과 노는 것도 좋은데.

지영 그 애도 다른 애들 하고 같이 놀자고 하자.

엄마 그런데 그 애가 (물개 목소리로) 아냐, 아냐, 나는 보미 너하고만 놀고 싶어. (엄마 목소리로) 징징거리면서 계속 지영이를 아무 데도 못 가게 하네.

지영 응, 그러면…….

너는 열심히 고민해서 해결책을 제시했어. 너도 네 아이와 함께 이야기 만들기 놀이를 해보렴. 아이의 고민, 걱정, 희망, 기쁨, 슬픔 등을 알 수 있단다. 곤란한 상황을 설정하면 어떻게 해결할지 생각하는 힘을 키울 수도 있어. 아이가 지루해하니 놀도록 해야 한다는 건 아이에게 놀이가 어떤 의미인지 잘 몰라서 하는 말이야. 놀이는 현실을 다스리는 힘을 키워줘. 잘 놀수록 현실을 이겨나갈 힘도 커진단다.

얼마 전 놀이실에서 본 아이의 놀이는 매우 공격적이었어. 로봇을 가지고 놀았는데, 나쁜 놈이 좋은 애를 발차기로 공격하면 좋은 애는 참지 않고 나쁜 놈을 무자비하게 때려주었지. 나쁜 놈을 실컷 패주는 놀이를 마치고 나갈 때, 그 아이는 늘 기분이 좋아 보였단다. 그 아이에게는 매우 엄한 아버지가 있었어. 조금만 실수해도 크게 혼을 내서 아이는 늘 주눅이 들어 있었지. 현실에서는 얌전한 모범생이었지만 놀이를 하는 동안 그 애는 싸움꾼이 되었어. 아버지에 대한 공포와 화가 놀이를 통해 발산됐던 거야. 물론 아이는 나쁜 놈과 아버지를 동일시하고 있다고 전혀 인지하지 못해. 신나게 나쁜 놈을 패주는 아이에게 섣부르게 "이 나쁜 놈이 아버지니?"라고 물으면 아이는 제대로 놀지 못하고 다시 쭈뼛거릴 거야. 아버지를 때리다니. 아버지를 때리는 상상만으로도 그 애는 불안해질 거야. 그러나 놀이라면 괜찮지. 나쁜 놈의 모습에 아버지가 투영돼 있지만, 아이의 놀이 속에는 아버지는 없고 나쁜 놈만 있을 뿐이거든. 아이는 놀이 속에서 마음껏 나쁜 놈을 응징할 수 있어.

상상놀이 속에서 놀이의 반대는 지루함이 아니라 현실이란다. 상상놀이는 힘든 현실을 일깨우지 않고도 현실을 이겨나갈 힘을 키워줘.

폭력적 놀이는
스트레스의 반영일 수 있다

아빠와 싸우고 나서 애들에게 화를 내는 엄마들이 있단다. 아이가 남편과 닮은 면을 보이면 특히 더 그렇게 된다고 하더라. 남편에게 낼 화를 아이들에게 퍼붓는 거야. 아이는 부당하다는 생각에 이렇게 따지기도 하지. "아빠 하고 싸우고 왜 나한테 그래?" 이 정도 반항하는 아이라면 그 애는 잘 자라고 있는 거야. 상황을 정확히 분석해서 표현하니까. 그러나 나이가 어리거나 표현력이 부족한 아이들은 엉뚱한 곳에 화풀이를 한단다. 엄마에게 혼나고 동생에게 화풀이하는 식이지.

부모에게 맞고 자란 아이가 자기는 절대로 애들을 때리지 않겠다고 다짐하면서 컸어. 그런데 막상 부모가 되어보니 어느 틈엔가 자신도 애들을 때리고 있더래. 아이는 부모에게 맞을 때 말로 다 표현할 수 없는 공포와 무기력감을 느껴. 공포와 무기력감에서 벗어나는 가장 확실한 방법은 자신이 누군가를 때리는 거야. 그래서 맞고 자란 사람이 자신의 아이를 때리는 경우가 많단다. 무심결에 따라하는 것, 이것이 바로 폭력이 대물림되는 이유야.

화 에너지는 쉽게 사라지지 않아. 오죽하면 종로에서 뺨 맞고 마포에서 성낸다는 속담이 있을까? 한 가족 안의 화 에너지는 돌고 돌아 어딘가에서 터지고 말지. 화가 났다면 어딘가로 그 에너지를 방출해야만 해. 아이들은 놀이를 통해 화 에너지를 방출해.

얼마 전 유치원에서 다른 아이들과 잘 어울리지 못해 진료실을 찾은 아이의 놀이를 보았어. 아이의 놀이가 많이 특이했어. 작은 병정 인형을 냄비에 넣고 요리해서 먹는 놀이를 했어. 끓여 먹고 볶아 먹고 삶아 먹고. 끔찍한 놀이가 계속됐어. 아이들은 소꿉놀이를 하면서 요리한 음식을 인형이나 같이 논 사람에게 먹이며 배려와 공감능력을 배우는 경우가 많아. 그런데 그 아이의 놀이는 전혀 그렇지 않았어. 소꿉놀이라는 형태를 띠었을 뿐, 온통 화와 공격적인 내용으로 가득했어. 그 화가 다 어디에서 온 걸까? 아이의 부모는 도우미에게 양육을 맡겨두고 각자 바깥일로 바빴지. 그 아이의 아버지는 매우 화를 잘 내는 사람이었어. 조금만 비위에 안 맞아도 소리를 지르고 아이를 때렸다고 하더라. 아이는 놀이로 화풀이를 했던 거야. 나는 아이의 아버지를 불러 면담했어. 아버지는 분노조절장애 치료를 받기 시작했지. 아버지가 분노를 조절하면서 아이의 놀이는 눈에 띄게 달라졌어. 점차 냄비에 인형을 넣고 요리하는 횟수가 줄어들었어. 화와 분노로 가득했던 놀이가 조금씩 또래 아이들과 비슷한 편안한 놀이로 바뀌었어.

ADHD(주의력결핍과잉행동장애)로 치료를 받던 다른 아이의 이야기를 해줄게. ADHD는 비교적 흔한 소아기 정신 질환인데 집중 기복이 심하단다. 그 애는 좋아하는 디지털 게임을 하거나 텔레비전 만화를 볼 때는 옆에서 불러도 모를 정도로 과하게 집중했어. 반면 지루하고 좋아하지 않는 것에는 집중하기 어려워해서 마음먹으면 30분이면 끝낼 숙제를 2시간이 지나도록 잡고만 있는 경우가 많았지. 제자리에 가만히 앉아 있는 것을 힘들어해서 유치원에서도 선생님이 이야기하는 동안 혼자 이리저리 돌아다니며 다른 아이들을 건드려서 수업을 진행하기가 어려울 정도였단다. 충동적이라서 진득하게 참고 기다리는 것이 어려웠던 거야. 그러다 보니 친구들과 다투는 일이 많았지. 애들끼리 다툼이 나면 이미 선입견이 생긴 그 아이만 혼나는 경우도 많았단다. 그 아이는 상대방이 먼저 시비를 걸어서 싸운 건데 자기만 혼나니 더없이 억울했지. 혼나고 야단맞고 무시당하고, 이런 일이 매일 되풀이되다 보니 화와 억울함이 쌓여갔어.

그 애가 치료실에서 즐기는 놀이는 나무 블록들을 쌓았다가 고무공을 떨어트려서 쓰러트리는 놀이였어. 와르르 무너지는 블록들을 보며 깔깔 웃곤 했지. 그 아이에게 나무 블록은 자신을 혼낸 엄마나 아빠, 선생님이나 자신에게 시비를 건 다른 아이였어. 블록들을 무너트리면서 그동안 쌓인 화를 시원하게 풀었던 거지. 놀이를 통해 화를 푸는 것. 그것이 놀이의 또 다른 힘이란다. 놀이를 통해 화를 풀면 실제 생활에서 엉뚱한 곳에 화풀이를 하거나 공격적인 행동으로 문제를 일으키는 일이 적어진단다. 그런데 대부분의 엄마들은 아이의 놀이가 공격적이면 아이의 행동부터 걱정해. 안 좋은 쪽으로만 생각하지. 비록 놀이가 공격적이라고 해도 일단 지켜보렴. 보통 아이들은 이렇게 실컷 화를 풀고 나면 더 밝고 건강하게 자라난단다. 그래도 너무 과격하게 놀아 누군가 다치거나 물건이 망가지면 안 되니 미리 아이와 약속을 하는 게 좋아. 놀이를 하다가 사람을 때리거나 물건을 던져서는 안 된다고 말이야.

그런데 아이의 행동에 주의를 주는 것보다 더 중요한 건 뭔지 아니? 바로 원인을 찾는 거야. 아이는 그냥 이렇게 행동하지 않아. 무엇인가 아이에게 풀 수 없는 스트레스가 있었기 때문이지. 스트레스가 계속 풀리지 않는다면 아이는 똑같은 행동을 반복하겠지. 그러니 이런 과격한 놀이를 보았을 때는 먼저 무엇이 원인인지 그것부터 찾아보고 근본적인 문제를 해결하렴. 그게 부모의 역할이란다.

놀이로 준비하는 미래, 더 이상 두렵지 않아요

너는 지금도 겁이 많지만 어렸을 때는 정말로 겁이 많았단다. 심지어 사람 모양의 인형도 무서워해서 바비 인형을 주면 도망치곤 했지. 인형을 얼굴에 가까이 대면 너는 겁에 질려 울기까지 했어. 어둠을 특히 무서워했던 너는 쉽게 잠들지 못했어. 네 머리맡에 동물 모양 봉제 인형들을 모아 나란히 정리하는 의식을 치러야 겨우 잠들곤 했어. 때로는 그 의식이 30분 가까이 걸릴 때도 있었어. 엄마는 졸린 눈을 부릅뜨고 네가 그 의식을 다 마치기를 기다리곤 했지. 잠들기 전에 장난감을 정리하는 것처럼 보였지만, 사실 그것은 네가 나름대로 불안을 극복하는 방법이었던 거야.

지상이가 유치원에 다녔을 때 이야기야. 학예회는 유치원의 가장 중요한 행사 가운데 하나야. 학예회가 열리기 한 달 전부터 지상이는 노래와 율동 연습을 했어. "오늘 유치원에서 뭐했니?"라고 물으면 늘 같은 노래, 같은 율동의 반복이었지. 너무 무리해서 연습시키는 것은 아닌가 싶을 정도로 열심히 연습했단다. 지상이의 생애 첫 학예회 때, 엄마 아빠는 물론이고 할아버지, 할머니, 외할머니까지 대가족이 출동했어. 의젓하게 노래와 율동을 하는 지상이가 얼마나 대견했는지 몰라. 무사히 학예회를 마치고 집에 돌아오는데 지상이 몸에서 울긋불긋한 반점이 보이는 거야. 저녁이 되자 열이 나기 시작했어. 학예회를 잘한 건 좋았는데 준비하느라 너무 무리했나 보다 싶어 엄마는 속이 상했단다. 뭘 이렇게까지 연습시켰을까 싶어서. 그런데 이런 반복 연습이 아이들에게 자신감을 심어준다는 것을 나중에야 알게 되었단다. 미리 연습을 많이 하면 당연히 덜 불안해지지.

여담이지만 지상이 몸에 반점이 생기고 열이 난 이유는 학예회와는 아무 상관이 없었어. 수두에 걸려 나타난 증상들이었지.

실전을 앞두고 열심히 연습하는 것은 학예회만이 아니야. 어른들도 중요한 행사나 일정이 있으면 미리 마음속으로 연습을 해. 거래처와의 미팅 전에 오갈 질문이나 답변을 미리 생각하고, 면접 예상 질문들을 미리 준비하지. 이렇게 리허설을 거치면 실제 상황이 닥쳤을 때 덜 당황하고 더 빠르게 대처할 수 있어. 연습을 충분히 하면 실제 상황에 대한 불안감도 줄일 수 있지. 아이들의 놀이는 이런 리허설 역할을 한단다.

지상이가 어렸을 때 병원에 갈 일이 있으면 엄마는 지상이에게 미리 병원 놀이를 시켰어. 지상이는 "입을 벌리고 아 해보세요. 목이 부어서 주사를 맞으셔야겠어요" 하며 믿음직한 의사 선생님이 되었지. 네가 태어나기 전에는 태어날 동생을 자기가 돌보겠다며 기저귀 가는 놀이도 하고 우유 먹이는 놀이도 했단다.

아이들은 놀이를 통해 다가올 미래를 준비해. 놀이를 통해 미리 연습하면 앞으로 닥칠 상황에 대한 불안감을 줄이고, 새로운 상황에 잘 적응할 수 있단다.

현명한 엄마로 거듭나는 육아 TIP

아이들은 놀이로 스트레스를 풉니다.
부모의 적절한 상호 작용은 아이가 적당히 감정 표현을 할 수 있게 합니다.

스스로 스트레스를 풀고 감정을 조절할 줄 아는 것은
어른이 되어서도 굉장히 중요한 능력입니다.
아이들은 어렸을 때 놀이를 통해 이런 능력을 습득합니다.
이것을 잘 습득하지 못한 아이는 어른이 되어서
분노조절 장애나 우울증에 시달릴 수 있습니다.
아이가 놀면서 감정을 표현하고 부모가 이를 알아주는
상호작용은 굉장히 중요합니다.
엄마는 아이가 놀 때 감정을 알아채서 적절히 반응해줘야 합니다.
어른도 자신의 감정을 말했는데 상대방이 들어주지 않으면
무시한다고 생각하고 더 크게 감정을 표현합니다.
아직 감정 표현이 서투른 아이가 놀이를 통해 자연스럽게
감정을 드러낼 수 있게 도와주세요.
적절한 상호작용은 아이가 적당히 감정 표현을 하게 만들어줍니다.

친구 많은 아이,
놀이로 키운다

...

함께 노는 아이,
소통과 관심을 배운다

엄마가 어렸을 적에는 고무줄놀이를 많이 했어. 한참 신나게 고무줄놀이를 하고 있으면 갑자기 남자아이들이 나타나 고무줄을 끊고 도망가곤 했었지. 남자애들은 낄낄거리며 줄행랑을 치고, 여자애들은 소리치며 발을 동동 굴렀어. 잘 놀고 있는 아이들을 방해하고 달아나는 남자애들의 심리는 뭐였을까? 여자애들을 괴롭히는 가학적인 재미? 공격성의 또 다른 출구? 뭐 그런 이유도 있겠지만, 소통과 관심받고 싶은 욕구 때문이었을 거야.

얼마 전 자신을 괴롭히는 남자아이 때문에 학교를 가기 싫다는 초등학교 1학년 여자애가 병원에 찾아왔어. "놀기 싫다는데 억지로 와서 놀자고 해요. 안 놀아주면 필통을 가져가서 안 주고 막 놀려요. 정말 미워 죽겠어요." 아이는 눈물이 그렁그렁해서 하소연하더구나. 남자애의 행동을 들으니 여자애가 싫어서라기보다는 같이 놀고 싶은데 같이 노는 방법을 몰라서 그러는 게 아닌가 싶었어.

관심받고 싶은 것은 인간의 본능이야. 아무도 자신에게 관심을 주지 않는 것만큼 외롭고 슬픈 일은 없을 거야. 아이들은 착한 일을 해서 좋은 관심을 받기도 하지만 말썽을 피워서 나쁜 관심을 끌기도 한단다. 엄마의 관심을 끌기 위해 일부러 욕을 하거나 물건을 던지는 아이도 있어. 얌전히 놀면 엄마가 관심을 보이지 않으니 말썽을 부려서라도 엄마가 자신을 보게 하려는 거지. 아이들이 모여서 카드 게임을 할 때, 누군가가 반칙을 하거나 말도 안되는 억지를 부리면 다른 아이들은 강력한 반응을 보여. 이것을 관심이라 여긴다면 아이는 일탈 행동을 계속하게 될 거야.

네가 미국에서 무시당하고 따돌림을 당할 때 지켜보는 엄마의 마음은 너무 아팠단다. 너를 무시하는 아이들에게 화가 났지. 그러나 엄마는 그 아이들을 혼내주거나 복수하라고 네게 가르치지 않았어. 만약 그랬다면 아이들은 신나서 더더욱 격한 반응으로 너를 대했을 거야. 다른 사람을 괴롭히면서 관심을 받는 것. 그것은 나쁜 관심에 속해. 좋은 관심을 받는 법. 그것을 아이에게 알려줘야 해.

아이들은 놀이를 통해 바람직한 방법으로 소통하고 관심받는 방법을 익힌단다. 협동하고 양보하고 타협해서 좋은 관심을 받는 방법을 아이 스스로 익히도록 도와줘야 해. 아이가 스스로 배우지 못한다면 엄마의 도움이 필요할 수도 있단다. 아이가 친구들과 노는 모습을 지켜본 후 아이와 대화를 나누며 코치를 해 줄 수도 있지. 어렸을 때 지상이는 컴퓨터를 너무 좋아했어. 친구가 놀러왔는데도 양보하지 않고 컴퓨터를 독차지하기 일쑤였지. 당연히 친구는 토라져서 금세 돌아가버리곤 했어. 그럴 때마다 지상이는 친구와 더 놀고 싶다면서 울음을 터트렸단다. 엄마는 "친구가 가 버려서 속상했구나" 하고 일단 달래준 다음에 "친구랑 번갈아서 컴퓨터를 한다면 더 오래 같이 놀 수 있지 않을까?"라고 알려줬어. 밥 한 숟갈 더 먹였다고 아이의 키가 바로 크는 것이 아닌 것처럼, 한 번 알려준다고 해서 아이가 갑자기 바뀌지는 않는단다. 그렇지만 한 숟갈 한 숟갈 자꾸 먹이다 보면 아이는 어느새 자라나 있지 않니? 계속 알려주면 아이는 조금씩 바뀐단다.

부모의 관심이
도움과 배려의 기쁨을 키운다

네가 세 돌쯤 되었을 때야. 무엇 때문인지 기억은 안 나지만 네가 엄마에게 단단히 화가 났어. 너는 울먹이며 "집을 나갈 거야"라고 말했지. 그러더니 보자기에 네 물건을 싸기 시작하더구나. 보자기에 작은 베개와 곰돌이 인형을 놓더니 매듭을 묶으려고 애를 썼어. 비장한 표정으로 정말 집을 나갈 태세였지. 그런데 손놀림이 엉성하다 보니 보자기가 제대로 묶이지 않아 보따리를 들자마자 베개와 곰돌이 인형이 와르르 바닥에 쏟아졌지. 넌 보자기 위에 베개와 곰돌이 인형을 놓고 묶기를 몇 번이고 반복했어. 결국 넌 보자기가 제대로 묶이지 않아 가출을 포기했지. 너의 처음이자 마지막 가출 시도는 그렇게 끝났단다.

너도 그 가출 사건을 기억하고 있더구나. 왜 화가 났는지는 기억도 못하면서 베개와 곰돌이 인형을 챙긴 이유는 기억난다고 했어. 나가면 베고 잘 게 있어야 할 거 같아서 베개를 챙겼고, 네가 집에 없으면 곰돌이를 돌봐줄 사람이 없으니 곰돌이를 챙겼다고 했지. 네게는 늘 네가 돌봐줘야 하는 인형들이 있었어. 아기 때는 텔레토비, 유치원 때는 곰돌이, 초등학교 저학년 때 꼬모라는 이름의 강아지, 초등학교 고학년 이후에는 물개가 있었지. 워킹맘인 나로 인해 부족한 애착을 이렇게 채우는가 싶어

안쓰럽기도 했지만 너는 인형을 돌보면서 자연스럽게 누군가를 돌보고 배려하는 기쁨을 알게 되었어.

동생과 잘 놀 때는 아무 말도 없다가 싸울 때만 나타나서 야단치는 부모가 있지. 그런 부모에게서 돌봄의 기쁨을 배우기는 어렵단다. 아이가 다른 사람을 돌보는 것에 진정한 기쁨을 느끼게 해주려면 잘못한 것을 혼내기보다는 돌봄의 기쁨을 먼저 알려주는 것이 좋단다. 아이가 동생에게 양보를 하면 "아유, 우리 ○○가 동생을 잘 데리고 노는구나" 혹은 "양보를 잘하는구나" 하고 칭찬을 해주면 아이는 동생을 돌보고 양보하는 것을 즐겁게 느끼고 도움과 배려의 기쁨을 깨닫게 돼. 부모가 아이와 함께 놀다가 아이가 잘하는 것은 아이에게 도와달라고 하는 것도 좋은 방법이야. "엄마는 이 놀이가 처음인데 어떻게 하는 거야?"라고 물어보는 거야. 아이가 도와줄 때는 크게 기뻐하고 칭찬해주렴. 아이는 우쭐해서 더 열심히 도우려고 할 거야.

잘 지는 법,
단계별 훈련이 필요하다

너는 어렸을 때부터 승부욕이 강한 아이였어. 지면 얼굴이 빨개지도록 화를 내면서 속이 상해 발을 쿵쿵 굴러댔지. 하지만 아무리 뛰어난 사람이라도 항상 이길 수는 없어. 항상 이겼다고 말하는 사람은 기억이 왜곡돼서 자신이 이긴 경우만 기억하는 것이란다. 누구나 질 때가 있어. 그리고 누구나 지고 나면 기분이 나쁘단다. 지고 나면 무조건 참기도 하고, 최선을 다 했으니 그것으로 됐다고 스스로 위로하거나, 한 번 졌다고 세상이 끝난 것은 아니라며 잊어버리려 할 때도 있지. 때로는 내 능력 밖의 일이었다고 깔끔하게 인정하고 넘어가기도 해. 성숙한 사람은 지는 법을 안단다. 더 정확하게 말하면 지고 나서 회복하는 법을 알아.

아이들은 아직 미숙하지. 그래서 지고 난 후 감정을 잘 다스리지 못한단다. 울고불고 화를 내기도 해. 규칙이 잘못됐다거나 공정하지 않았다고 핑계를 대며 다른 사람을 탓하기도 한단다. 두고두고 그 이야기를 하며 분을 삭히지 못할 때도 있어. 아무리 성숙한 사람이라도 어렸을 때는 당연히 그런 모습을 보인단다. 아이들은 지고 나서 자신을 추스르는 법을 놀이를 통해 배워. 이유식에도 단계가 있듯, 지는 법도 조금씩 배운단다. 부모는 아이가 잘 지는 법, 지고 나서 잘 회복하는 법을 가르쳐줘야 해.

두 돌이 지난 아이가 4살 차이 나는 오빠와 마주 앉아서 보드게임을 하고 있었어. 제법 진지하게 하는 듯했지만 사실 아이는 규칙을 전혀 몰랐어. 그저 앉아서 심각한 얼굴로 카드를 들었다 놨다 흉내만 내고 있었을 뿐이야. 아직 게임의 규칙을 모르니 이기고 지고 할 것도 없지. 이 단계는 지는 법을 익힐 준비가 되어 있다고 하기 어려워. 승부를 이해하기 시작하면 그때부터 조금씩 지는 법을 알려주렴. 간단한 규칙을 겨우 이해할 정도의 어린아이라면 무조건 져주고 잘했다고 칭찬해주는 것이 좋단다. 아이가 점점 규칙을 잘 이해하고 게임을 제대로 할 수 있게 되면 그때는 가끔 이겨줘야 해. 이긴 후에는 졌다고 우는 아이를 잘 달래줘야 한단다. 아이가 지고도 회복하는 힘이 커질수록 점차 봐주지 않고 공정하게 게임을 하면 돼. 부모가 매번 져주기만 하면 또래 관계가 힘들어지고, 지나치게 엄격하면 자신감을 잃고 승부가 필요한 순간을 회피하려 들기 쉽단다.

젖을 뗀 아이가 이유식부터 시작하듯, 지는 법도 아이의 수준에 맞춰 가르쳐야 해. 너무 서두르면 체하고 너무 천천히 하면 영양실조에 걸려. 처음부터 강한 자극을 주지 말고 아이가 지고 난 후의 감정을 인정하고 받아들이게끔 점차 공정한 게임을 늘려나가. 지고 난 후 회복한 법을 배우는 건 특별한 일이 아니란다. 질 수 있다는 사실과 지고 난 뒤의 감정을 온전히 받아들이고 인정하면 돼. 그때 자포자기하지 않고 다음에 또 도전하겠다는 에너지를 만들어낼 수 있다면 아이가 회복하는 법을 터득한 거야. 이런 회복력은 성인이 되어서도 삶의 큰 힘이 된단다.

싸우고 울고 부딪치며 배우는 자기주장의 선

네가 초등학교에 다닐 때 가족 모두 리조트에 놀러간 적이 있어. 리조트에는 당구대가 하나 있었는데 점심을 먹고 마침 당구대가 비어서 온 가족이 같이 당구를 쳤지. 엄마와 아빠는 당구를 쳐본 적이 없어서 잘 못했어. 당구를 처음 배운 너나 지상이와 비슷한 수준이었지. 처음 당구를 배운 네가 엄마, 아빠를 이길 수 있을 것 같다고 생각할 정도로 말이야. 유달리 승부욕이 강했던 너는 네가 이길 때까지 당구대를 떠나지 않을 태세였어. 저녁을 먹고 다시 오자고 달래서 겨우 당구대를 떠날 수 있었지.

다른 곳에서 놀다가 저녁을 먹고 다시 당구대를 찾으니 중학생 정도 되는 남자아이들이 당구를 치고 있어서 자리가 없었어. 그때 네 얼굴엔 실망이 가득했어. "오빠들이 몇 게임 하고 나면 갈 테니 그때 다시 오자"고 겨우 달래 방으로 들어왔지. 높은 층에 방을 잡아서 방문을 열고 복도를 조금만 나가면 1층 로비에 있는 당구대를 볼 수 있었어. 너는 수시로 나가서 당구대가 비었는지 확인했지. 남자애들은 2시간이 넘도록 당구대를 차지하고 있었어. 하도 애타게 기다리길래 가서 언제까지 할 건지 물어보라고 했더니 너는 막상 그러지는 못했어. 그저 발만 동동 구를 뿐이었지.

너는 자기주장을 잘 못했어. 반면 네 오빠 지상이는 매사에 자기주장이 분명했단다. 때로는 그게 지나쳐서 고집을 부리는 바람에 엄마가 고생을 많이 했지. 지상이를 키울 때 엄마는 아이의 뜻을 너무 받아줘서 그런 건 아닌지, 엄마가 잘못 키운 것은 아닌지 고민을 많이 했단다. 그러나 5년 후 태어난 너는 완전히 반대였어. 너는 자기주장을 너무 못해서 걱정될 정도였지. 같은 부모에게서 태어난 아이들이 어쩌면 그렇게 다른지. 너희를 보면서 아이들이 보여주는 모든 모습이 꼭 부모 때문만은 아니라는 것을 깨달았어. 그 깨달음은 엄마가 환자를 치료할 때 두고두고 큰 도움이 되었단다. 아이에게 문제가 생겨 진료실을 찾은 부모들은 거의 모두 자신이 잘 키우지 못해서 아이에게 문제가 생겼다고 자책하곤 해. 나는 아이에게 생긴 문제가 전적으로 부모 탓은 아니라고 위로한단다.

꼭 알아두어야 할 것은 아이들은 변한다는 사실이야. 너와 지상이는 크면서 점차 자기주장의 선이 비슷해졌어. 적당히 주장하고 적당히 주장을 굽히는 법을 배우게 된 거지. 엄마는 엄마가 가르쳐서 너와 지상이가 변했다고 생각하지 않아. 엄마가 가르친 대로만 되었다면 초등학교에 들어갈 무렵 너희 둘은 이미 다른 사람에게 자기 주장을 얼마만큼 하는 게 적당한 건지 익혔을 거야. 그러나 너와 지상이가 적당히 주장하고 적당히 주장을 굽힐 수 있게 되기까지는 많은 시간이 걸렸어. 친구들과 부딪치고 갈등을 겪고 위기를 넘기면서 적당한 선에서 자기주장하는 법을 알게 된 거지.

친구 집에 놀러 갔을 때, 한 대밖에 없는 컴퓨터를 어떻게 돌아가며 쓸지, 가게 놀이를 하며 서로 주인 역할을 하고 싶을 때 어떻게 역할 조정을 할지, 노란색 크레용을 다 써버린 친구와 어떻게 내 크레용을 함께 쓰며 그림을 완성할지, 이런 상황에서 타협하고 양보해 문제를 해결하면서 너희들은 적당한 선에서 자기주장하는 법을 배워온 거야. 결코 혼자 앉아서 공부하는 것만으로는 배울 수 없는 것들이란다. 아이들은 친구들과 어울리고 놀면서 다른 사람들과 타협하고 양보해나가. 이건 엄마도 책도 가르쳐줄 수 없는 거야. 그러니 아이들이 친구들과 잘 놀 수 있도록 응원해주렴.

배려와 양보는 사회성을 키운다

가장 기본적인 사회성은 엄마와의 관계에서 출발한단다. 네가 아이를 잘 보듬어주고 공감해주면 아이도 다른 사람을 보듬고 공감해서 주변에 사람이 모일 거야. 네가 아이를 많이 칭찬하고 사랑해주면 아이는 자신감 있고 호의적인 어른으로 자라날 거야. 야단을 많이 맞으며 자란 아이는 다른 사람을 호의로

대하지 못한단다.

어린아이를 돌보는 것은 정말 어려운 일이란다. 막 걷기 시작한 아이들은 겁 없이 돌아다니면서 사고를 치는데, 아직 말이 서툴러서 복잡한 대화나 타협은 아예 불가능해. 화는 얼마나 잘 내고 고집은 또 얼마나 센지, 하루에도 몇 번씩 엄마는 정신줄을 놓고 아이에게 소리를 지르고 싶어진단다. 하지만 기억하렴. 아기는 엄마의 눈을 통해 자신을 바라봐. 엄마가 자주 혼내고 야단치면 아기는 자신이 나쁜 아이라고 생각하게 돼. 그러면 덜 혼나기 위해 머리를 쓰는 아이로 자랄 가능성이 높아. 아이는 덜 혼나는 쪽으로 머리를 굴려. 위기를 모면하기 위해 거짓말도 서슴지 않게 되지. 네 아이를 많이 칭찬하고 사랑해줘. 그래야 아이는 다른 사람을 긍정적이고 호의적으로 느끼고 또 그렇게 대하게 된단다. 긍정적이고 호의적인 사람은 누구나 좋아하지 않겠니?

소설 《장발장》에 등장하는 경찰, 자베르 이야기를 잠깐 할게. 1780년, 그는 강도인 아버지와 카드 점을 치는 어머니의 아들로 감옥에서 태어났어. 자베르는 커서 자신의 믿음과 소신에 따라 범죄자를 쫓는 경찰이 되었지. 법을 어긴 자는 무조건 그 죗값을 치러야 한다고 믿었어. 그래서 신분 세탁을 한 범죄자 장발장을 반평생에 걸쳐 추적해. 그러다 그는 자신의 신념을 흔드는 일생일대의 사건을 맞게 돼. 시민군에게 잡혀 죽을 처지가 되었을 때, 자신이 그토록 집요하게 괴롭혀온 장발장이 목숨을 구해준 거야. 자베르는 평생을 지켜온 신념에 큰 혼란을 느끼고, 그 충격을 견디지 못해 결국 자살을 택하지. 나는 자베르라는 인간상을 생각하면서 정의와 도덕의 근본에 대해 생각해보았단다. 빅토르 위고는 자베르를 통해 도덕의 근본은 법과 정의가 아니라 이심전심, 측은지심이라는 것을 그려낸 거야.

혼자 사는 세상이라면 도덕은 필요하지 않을 거야. 도덕은 남을 위해 필요한 것 같지만, 사실은 나를 위해 더 필요하단다. 남 귀한 줄 알아야 남도 나를 귀하게 여겨. 도덕적으로 결여된 사람은 주변에 사람이 없단다. 내 아이가 사람과 더불어 사는 즐거움을 누리도록 하려면 다른 사람을 귀하게 여기는 마음을 기본적으로 갖추게 해야 한단다. 아이들은 도덕이 뭔지는 몰라도 도덕이 없는 아이는 기가 막히게 잘 알아내거든. 도덕이 있어야 친구도 있어. 아이들은 또래와 어울려 놀면서 이심전심, 측은지심을 터득한단다. 먹을 것을 나누어 먹고, 서로 돌아가며 장난감을 가지고 놀고, 차례를 지키고 반칙을 하지 않는 이 모든 것이 아이의 사회성을 키우지.

사회성을 발달시키는 것은 결국 남에게 잘하는 방법을 익혀가는 과정이야. 사회성은 하룻밤에 생기지 않아. 오랜 시간에 걸쳐 다른 아이를 배려하며 놀고, 적절한 부모의 코치로 꾸준하게 키워가야 해.

현명한 엄마로 거듭나는 육아 TIP

아이들은 놀이를 통해 갈등에 대처하는 자세를 습득합니다.
배려와 양보로 사람들을 대하는 방법을 배웁니다.

놀이를 하다 보면 자연스럽게 갈등 상황에 직면하게 됩니다.
아이들은 이때 상대방을 위해 양보를 할 것인지,
아니면 본인의 뜻만 고집할 것인지 선택하게 됩니다.
둘 중 어떤 것을 선택하든 강요하지 마세요.
그것은 아이의 뜻이니까요.
다만 부모는 양보할 수도 있다는 선택지를 알려주면 됩니다.
그러면 다른 상황이 왔을 때 아이는 양보할 수 있다는 것을
염두에 두고 행동하게 됩니다.
나중에 아이가 어른이 되어서 사회생활을 할 때
적절한 양보와 배려는 꼭 필요한 덕목입니다.
아이의 마음에 양보와 배려의 새싹을 심을 수 있도록 도와주세요.

꿈 많은 아이,
놀이로 키운다

...

무한한 상상 속에 아이의 현실은 비옥해진다

아이가 노는 모습이 유별나서 고민이라며 병원에 찾아온 부모가 있었어. 우선 아이가 노는 모습을 지켜보기로 했지. 놀이실에 들어온 아이는 모형 공룡들을 와르르 바닥에 쏟더니 금방 좋은 공룡, 나쁜 공룡으로 나눴어. 이렇게 두 패로 나뉜 공룡들을 가지고 땅에서 머리를 박고 싸우기도 하고, 하늘을 날며 공중전을 펼치기도 했어. 나쁜 공룡은 좋은 공룡의 가족들이 숨어 있는 동굴을 습격해서 가족을 납치했어. 그러자 좋은 공룡의 친구인 로봇이 나쁜 공룡을 공격하고 좋은 공룡의 가족들을 구해냈어.

상상놀이에 열중하는 아이들은 풍부하고 세련된 이야기를 만들어낸단다. 때로는 상상 속 친구를 만들어서 그들에게 말을 걸거나 같이 놀기도 해. 부모로선 상상 속 세계에 빠져 있는 아이들의 모습이 당혹스러울 거야. 어느 정도까지 아이들의 상상이나 허구 속 세상을 인정하고 존중해줘야 할지 혼란스럽기도 하고. 그러나 이런 걱정은 다 쓸데없는 기우일 뿐이야.

아이들은 상상 속 세상이 자신이 만들어낸 세상이라는 것을 충분히 인지하고 있단다. 생각만으로 텔레비전이 켜지지 않는다는 것도 알고, 항상 내 곁을 지키는 상상 속 친구가 그저 내가 만들어낸 존재일 뿐이라는 것도 잘 알아. 뽀로로가 나와 함께 하늘을 나는 것은 나의 상상일 뿐이라는 것을 알고 있지. 똑똑한 아이일수록 현실과 상상을 잘 구별한단다. 산타 할아버지가 12월 24일 하룻밤 동안 전 세계 어린이에게 선물을 주는 것이 가능하지 않다는 것을 알고 있지만 그런 상상을 즐기며 산타 할아버지를 기다리는 거지. 상상력이 없다면 현실은 볼품없이 뼈대만 유지하고 있는 허름한 건물과 같아. 풍부한 상상력이 현실을 비옥하고 풍요롭게 만들어준단다.

상상놀이의 중요성을 모르는 엄마들은 아이가 상상놀이를 하는 것을 못마땅하게 여겨. 보자기로 슈퍼맨 망토를 만들어 영웅놀이를 하는 아이에게서 보자기를 빼앗고 학습지를 풀거나 책을 보라고 강요해. 하지만 상상놀이가 인지 발달에 미치는 무한한 가능성을 이해한다면 앉아서 공부하겠다는 아이에게 보자기를 씌워 방 밖으로 내보내지 않을까?

실수해도 괜찮아
다시 하면 되니까

너는 어렸을 때 손톱 물어뜯는 버릇이 있어서 깎아주려 해도 남아 있는 손톱이 없을 정도였단다. 초등학교 내내 그랬는데 중학생이 되어 매니큐어에 관심을 가지면서부터 손톱을 물어뜯지 않게 되었어. 여름이 되면 너와 마주 앉아 함께 발톱에 매니큐어를 칠하는 시간이 엄마는 너무 행복했단다. 매니큐어 바르기는 너와 내가 함께 즐기는 재미있는 놀이이자 우리를 이어주는 따뜻한 취미였지. 이제 대학생이 된 너는 네일 아트를 직접 할 정도로 손톱을 예쁘게 기르고 있어. 네일 아트를 하기 전에 이렇게 저렇게 하고 싶다며 생각을 이야기한 뒤 내 의견을 묻고는 몇 시간 동안 심혈을 기울여 네일 아트를 하곤 하지. 가끔 생각보다 결과물이 마음에 들지 않을 때도 있어. 그러면 넌 곧 그것을 지우고 새로운 모양으로 다시 네일 아트를 해. 너에게 네일 아트는 즐거운 놀이야. 실패해도 상관없어. 다시 하면 되니까.

아이들의 놀이는 너의 네일 아트와 비슷하단다. 나무 블록을 쌓다가 쓰러지더라도 아무 문제없어. 놀이에서는 실수가 아무런 문제가 되지 않는단다. 다시 하면 되니까. 그저 즐겁게 그 과정을 즐기면 되는 거야.

아빠와 아들이 종이로 비행기를 만들고 있었어. 아들이 가위질을 하다가 실수로 날개를 잘라버렸어. 아빠는 왜 그렇게 조심성이 없냐고 잔소리를 했어. 아들은 조심했지만 아이인지라 또 실수를 했어. 거듭되는 잔소리에 아이는 점점 위축되었지. 아빠는 아들과 놀아줬다고 생각할지 모르지만 아들에게 비행기 만들기는 더 이상 놀이가 아니었을 거야. 아빠가 잔소리를 해서 더 훌륭한 비행기를 완성할 수 있었는지 몰라. 그런데 그 훌륭한 비행기로 무엇을 할 수 있을까? 마음의 상처로 얼룩진 완벽한 비행기보다는 즐거운 추억과 자신감이 담긴 못생긴 비행기가 아이에게는 훨씬 더 좋은 기억으로 남지 않을까?

어렸을 때 지상이는 만들기를 하다가 생각한 모양이 안 나오면 짜증을 냈어. 색칠놀이를 하다가 실수로 금을 넘어가면 그림을 망쳤다면서 울음을 터트리기도 했지. 엄마는 다시 해보라고, 괜찮다고 달래주곤 했어. 실수를 해서 원하는 일이 계획한 대로 안되는 것은 분명 속상한 일이야. 그러나 실패했다고 해서 그것이 끝이 아님을, 얼마든지 다시 하면 된다는 것을 아이는 놀이를 통해 배운단다. 흙으로 강아지를 만들려고 했지만 강아지라고 하기엔 너무 납작한 모양이 될 수도 있어. "강아지가 뱀이 되었네. 강아지 뱀이다, 강아지 뱀" 하며 놀 수도 있지. 놀다가 마음에 안 들면 찰흙을 뭉쳐 다시 강아지를 만들면 되는 거야. 놀이를 하다가 아이가 실수했다고 당황하거나 심각해질 필요는 없단다. 실수는 웃음으로 넘기면 돼.

실수를 해보고 가뿐히 넘기는 것, 그러고 나서 동력을 얻는 것은 어른이 되어서도 중요한 일이란다. 마음껏 실수하며 두려움 없이 배우는 것, 아이들은 놀이를 통해 그렇게 쑥쑥 자란단다.

꿈은 현실을 풍요롭게 해준다

엄마는 어렸을 때 책 읽는 것을 좋아했어. 집에 있는 동화책을 외우다시피 여러 번 읽어서 더 이상 읽을 책이 없었어. 그래서 네 외할아버지 서재에 꽂혀 있는 어른들의 책에 관심을 갖기 시작했지. 그때 내 눈에 들어온 게 프로이트의 《꿈의 분석》이야. 건축가였던 네 외할아버지가 그 책을 읽으셨을 리는 없고, 아마 아는 사람이 부탁해서 사들인 전집 중 한 권이었을 거야. 어쨌든 엄마는 호기심에 그 책을 읽기 시작했어. 어려운 내용이라 다 이해하기 어려웠지만 무의식 때문에 말실수하는 사람의 이야기가 기억에 남을 정도로 재미있었단다.

그 책을 읽으면서 사람의 마음에 대해 궁금증을 갖게 되었어.

사람은 어떻게 생각할 수 있는 걸까? 커서 이런 것들을 밝히고 싶다는 생각을 했지. 당시 대학 교수였던 이모부에게 내가 이런 이야기를 했을 때 이모부의 반응은 회의적이었어. 한낱 어린아이의 공상쯤으로 여기시는 듯했어. 내가 시도하기엔 너무 요원한 이야기라고 생각하신 것 같았어. 그러나 그때의 궁금증은 엄마 마음속에 꿈으로 남았단다. 엄마는 꿈을 이루기 위한 구체적인 방법들을 찾아봤고, 중학생이 되었을 때 정신과 의사가 되기로 결심했단다. 중학교 때의 꿈을 이루었으니 엄마는 행복한 사람이라고 생각해.

검찰 총장을 하다가 은퇴하신 분에게 어렸을 때 꿈이 무엇이었는지 물어본 적이 있어. 그분은 어렸을 때 아버지가 외국 출장 길에서 선물로 사 가지고 온 헬리콥터를 손에 들고 달리며 하늘을 나는 꿈을 꾸었다고 했어. 어른이 된 그분은 검사가 되었지만 늘 마음속으로 패러글라이딩을 타며 하늘을 나는 꿈을 꾸었대. 비록 꿈을 이루지 못했지만 범죄자들과 싸우는 팍팍한 현실 속에서 하늘을 나는 꿈이 그분에게 생기를 불어넣는 소소한 일탈이 되었던 것은 분명해 보였어.

아이들은 놀이를 통해 새로운 경험을 한단다. 새로운 경험은 호기심과 관심을 낳고 그 호기심과 관심은 꿈으로 영글어. 꿈을 간직하는 것만으로도 인생은 풍요로워진단다. 엄마에게는 죽기 전에 이루고 싶은 버킷리스트가 있어. 그 꿈들을 간직하는 동안 엄마의 오늘은 더 행복할 거야. 꿈이 있는 아이로 키우고 싶다면 다양한 경험, 다양한 놀이를 하게 해주렴. 아이는 스스로 꿈을 만들고 그 꿈이 이끄는 길을 가게 될 거야.

놀아본 아이가 꿈을 꾼다

진료실에서 만났던 초등학교 4학년 남자아이는 장수풍뎅이를 키우는 취미를 가지고 있었어. 학교에서 돌아오면 장수풍뎅이에게 달려갔어. 머릿속에 온통 장수풍뎅이 생각뿐이었지. 공부는 뒷전이었고 친구도 없었어. 부모님은 당연히 걱정했지. 그러나 아이에게 장수풍뎅이가 유일한 즐거움이라는 것을 인정하고 묵묵히 아이를 지원해줬어. 중학생이 된 그 아이를 다시 만났을 때, 아이의 관심은 장수풍뎅이를 넘어서 곤충으로 확장되어 있었어. 방학이면 들로 산으로 곤충을 잡으러 다닌다고 했어. 꿈이 무엇이냐고 물어봤더니 곤충학자가 되고 싶다고 했어. 이렇게 많이 놀아본 아이가 꿈도 꿀 수 있단다.

세계 최초로 증기선을 발명한 로버트 풀턴은 어렸을 때부터 만들기를 좋아했어. 당시에는 연필이 매우 귀했는데, 직접 만든 연필을 가져가 학교 선생님을 놀래키기도 했지. 학교 가는 것보다 대장간에서 물건 만들기를 더 좋아했대. 크라이슬러 자동차 회사를 설립한 월터 크라이슬러는 어렸을 때 기계를 만지며 노는 것을 좋아했어. 비행기를 발명한 라이트 형제도 어렸을 때 기계를 만지며 시간 가는 줄 모르고 놀았단다. 다른 놀잇감도 많았지만 이들은 어렸을 때부터 기계를 만지고 무언가를 만들며 노는 것을 좋아했어. 일찍부터 놀이를 통해 소질을 계발한 거지. 아이들에게는 누가 시키지 않아도 끌리는 놀이가 있단다. 끌리는 놀이를 계속 하다 보면 그쪽의 소질이 더욱 발달하고 그 분야에 더욱 관심을 갖게 되지.

짜장면, 떡볶이, 피자, 나물, 냉면, 곱창……. 우리가 주변에서 흔히 볼 수 있는 음식이야. 이 가운데 네가 좋아하는 것도 있고 싫어하는 것도 있을 거야. 너는 대부분의 음식을 잘 먹는 편이지만 굴이나 조개 같은 것은 좋아하지 않지. 엄마가 굴이나 조개를 싫어하라고 가르친 적은 없단다. 사람들은 누가 가르쳐주지 않아도 먹어보면 좋아하는 음식, 싫어하는 음식이 생겨. 누군가에게는 좋아하는 음식이지만 다른 사람에게는 싫어하는 음식일 수도 있어. 아이들의 놀이도 그렇단다. 어떤 아이에게는 좋아하는 놀이이지만 또 다른 아이에게는 재미없는 놀이일 수도 있어. 누가 가르쳐준 것도 아닌데 아이들은 저마다 제각각 좋아하는 놀이가 있단다. 어렸을 때 너는 인형놀이는 좋아했지만 기계공구 같은 것에는 관심이 없었단다. 엄마가 그렇게 가르친 건 아니야. 어떤 놀이를 좋아하는가는 아이의 타고난 개성 같은 거란다. 엄마가 억지로 그것을 바꾸기는 어렵지. 그렇다면 부모의 역할은 무엇일까?

아이가 기계 다루는 것을 좋아하는지, 피아노 치는 것을 좋아하는지는 일단 접해봐야 알 수 있단다. 먹어보지 않은 짜장면을 내가 좋아할지 싫어할지 어떻게 알겠니? 부모의 역할은 아이에게 기회를 만들어주는 거야. 이것저것 가지고 놀아보게 하면 그 가운데 아이가 좋아하는 놀이도 있고 관심 없는 놀이도 있다는 것을 알게 될 거야. 먼저 아이가 다양한 놀이에 접하도록 해주렴. 좋아하는 놀이가 생기면 놀면서 소질이 계발되고 꿈도 꾸게 된단다.

직업이 꿈은 아니야

아이들에게 "커서 뭐가 되고 싶니?"라고 장래 희망을 물으면 다양한 답이 돌아온단다. 의사, 교수, 선생님, 판사처럼 오래된 직업들도 있지만 크리에이터, 웹툰 작가 등 새로 생겨난 직업들도 많아. 앞으로 20~30년 후에는 많은 직업이 새로 생기거나 사라지겠지. 그러니 지금 20~30년 후 갖게 될 아이의 직업을 묻는 것은 의미 없는 일일 수도 있어.

미국의 백화점왕 존 워너메이커가 어렸을 때는 백화점이 없었단다. 그가 최초로 백화점을 만들었지. 라이트 형제가 어렸을 때는 비행기가 없었어. 그들이 최초로 비행기를 만들었거든. 스티브 잡스가 어렸을 때는 핸드폰이 없었어. 그렇다고 이들이 어렸을 때 백화점 주인이 되겠다거나 비행기 발명가가 되겠다거나 핸드폰 회사를 만들겠다는 꿈을 꾸지는 않았을 거야. 이들은 꿈을 향해 매진한 게 아니야. 자신이 좋아하고 잘하는 놀이와 활동에 몰입했을 뿐이야. 존 워너메이커는 어렸을 때부터 셈에 밝았고 물건을 잘 팔았어. 라이트 형제는 기계에 관심이 많아서 늘 기계를 해체하거나 조립하면서 그 원리를 알아내고 새로운 기계를 만들었어. 스티브 잡스도 기계를 조립하고 해체하면서 무언가 만들기를 좋아했지. 자신이 좋아하고 잘하는 것에 몰입하고 매진하면서 새로운 직업을 만든 거야.

네 아이가 장래에 무엇이 되고 싶은지 궁금할 거야. 하지만 무엇이 되고 싶은지 묻지 말고 무엇을 좋아하는지 물어보렴. 모든 아이는 특별해. 이 세상에 '나'는 하나밖에 없잖아. 자신이 가장 좋아하는 놀이에 몰입해 놀다 보면 가장 특별한 나다움, 나만의 소질을 찾아낼 수 있단다.

꿈은 현실을 비옥하게 만들어준다고 했지? 그러나 바로 오늘, 즐겁게 몰입할 수 있는 놀이가 없다면 꿈은 하늘에 떠 있는 무지개에 불과하단다. 미래의 직업을 좇느라 아이의 놀이를 희생하지 않도록, 균형을 잡아주는 현명한 엄마가 되기를 바란다.

현명한 엄마로 거듭나는 육아 TIP

상상력은 아이의 인지 발달에 엄청난 영향을 줍니다.
놀이는 오늘을 비옥하게 만들고 내일을 꿈꾸게 합니다.

아이는 놀이를 통해서 미래를 꿈꿉니다.
나중에 어른이 되어서 하고 싶은 일과
어떤 어른이 되고 싶은지에 대해 놀면서 생각합니다.
아이가 놀이를 하면서 불가능한 상상을 한다고 해도 그대로 두세요.
매일매일 놀이가 바뀌어서 매일매일 꿈이 달라져도 그대로 두세요.
꿈은 풍요로운 오늘을 열고 무한한 내일의 가능성을 만듭니다.
아이가 놀이를 하면서 꿈을 꾸게 도와주세요.
아이가 꿈을 꾸는 것은 마음이 풍요로운 사람으로
잘 자라고 있다는 증거입니다.

3장

놀이를 보면 아이의 마음을 알 수 있다

아이의 잠재력은 부모가 상상하는 것,

그 이상이란다.

보려면 보인다, 내 아이의 모습

...

놀이는 아이의 흥미와 관심을 보여주는 창

마이크로소프트의 창립자인 빌 게이츠는 어렸을 때 백과사전을 보면서 놀았다고 해. 하루 종일 백과사전만 보던 그는 1년 만에 백과사전을 모두 외워버렸대. 일본 애니메이션의 거장 미야자키 하야오는 몸이 약해서 운동을 싫어했지만 그림 그리기는 좋아했단다. 투자의 귀재 워런 버핏은 숫자 놀이를 좋아해서 할아버지 가게에서 물건 가격이나 거스름돈을 계산하면서 노는 것을 좋아했어. 러시아 대통령이었던 블라디미르 푸틴이 어렸을 때 가장 좋아한 놀이는 러시아 격투기 삼보 익히기였어. 삼성 이병철 회장은 어렸을 때 장터를 구경하는 게 제일 신나고 재미있는 경험이었대. 영국 랭커스터대학교의 화산학자 휴 터펜 박사는 7살 때부터 화산에 사로잡혀 화산이 나오는 동화책을 베개 밑에 깔고 잠들곤 했단다. 이렇듯 아이들은 10살도 되기 전에 이미 어느 분야에 특별한 관심과 흥미를 느끼고 놀이로 즐긴단다. 관심, 흥미, 재능, 이에 더해 그것을 일깨우는 경험. 아이들의 미래는 여기에서 시작돼. 그래서 아이들의 놀이를 보면 미래가 보인다고 하는 거란다.

네가 초등학교 1학년 때 미국에서 놀이공원에 간 적이 있어. 오전 10시와 오후 4시, 하루에 두 번 훌라후프 시합이 열렸지. 훌라후프를 바닥에 떨어트리지 않고 가장 오래 하는 아이에게 상을 주는 시합이었는데 너도 참가했어. 잘하고 있었는데 옆에 있던 아이가 실수로 네 훌라후프를 건드려서 그만 탈락하고 말았어. 다른 아이의 실수 때문에 탈락하자 너는 억울하고 속상해 어쩔 줄 몰라 했지. 엄마가 달래서 겨우 마음을 푼 것 같았는데, 오후 4시 시합에 다시 나가겠다고 고집을 부리는 거야. 할 것도 많고 볼 것도 많은 놀이공원에서 6시간 동안 훌라후프 시합을 기다리겠다고? 엄마는 속상한 마음에 무작정 그렇게 말하는 거라고 생각했지만 넌 진지했어! 결국 무려 6시간이나 기다려서 너는 오후 훌라후프 시합에 나갔고 1등을 차지해서 상을 받았단다. 앞으로 네가 어떤 사람이 될지는 모르겠지만 너는 여전히 경쟁을 즐기고 있고, 앞으로도 그럴 거라고 생각해. 먼 훗날 네가 너의 어린 시절을 회상하면 분명히 "나는 어릴 때도 승부욕이 강했다"라고 말할 거야.

반면 지상이는 승부에는 별로 관심이 없었단다. 지상이는 기계를 잘 다뤘고 컴퓨터 게임을 좋아하고 언어능력이 뛰어났지만 그림은 못 그렸어. 이 모든 게 너와는 정말 많이 다르지? 비슷한 환경에서 자랐는데도 둘의 성향이 확연히 다른 것은 부모가 그렇게 키워서가 아니야. 그렇게 타고났기 때문이란다.

타고난 끌림. 여기에 좋고 나쁨이 있을까? 타고난 흥미는 가장 강한 동기가 된단다. 놀이는 아이의 타고난 흥미와 관심을 엿볼 수 있는 넓고 맑은 창이야. 그 창을 통해 파악한 아이의 흥미와 관심을 키워주는 것, 그것이 바로 부모의 역할이란다.

연령별 발달 파악, 바라보면 알 수 있다

아이의 발달이 모든 영역에서 균일하게 이뤄지는 건 아니야. 말은 잘하는데 아직 기저귀를 차고 다니는 아이도 있고, 말은 느리지만 가위질도 잘하고 공도 잘 차는 등 운동 발달은 빠른 경우도 있단다. 또래보다 키는 큰데 말은 또래보다 한참 느려서 능숙하게 대화를 못하고 무조건 울음으로 의사소통을 하는 아이도 있지. 네 아이가 정상적으로 잘 발달하고 있는지 또래 아이들과 비교해서 파악하는 것도 중요하지만 네 아이가 여러 가지 면에서 골고루 발달하고 있는지 살펴보는 것도 중요해. 골고루 잘 발달하면 좋지만 그렇지 않은 경우도 있거든. 어렸을 때 너는 말이 늦은 편이어서 엄마는 걱정이 컸단다. 그래도 인형들을 잘 가지고 노는 것을 보면 인지는 정상적으로 발달하고 있는 것 같았어. 그래서 엄마는 안심할 수 있었지.

지능을 측정하듯 아이의 발달 정도를 측정할 수 있는 테스트들이 있단다. 그런데 이런 테스트들은 전문기관을 방문해야 하고 비용이나 시간도 만만치 않게 소요돼. 꼭 전문기관을 방문하지 않아도 집에서 아이가 노는 것을 유심히 관찰하면 아이의 발달이 적절한 정도인지 대략 알 수 있단다.

아래 표에 대략적인 정상 발달 정도를 정리해놨으니 참고하렴. 월령이나 발달 영역에 따라 다르기는 하지만 대략 6개월~1년 정도 발달이 늦다면 전문가를 만나 정확한 발달 상태를 확인해보는 게 좋아. 언어 발달은 말이 늦게 트이는 경우도 많으니 말을 못할까 봐 크게 걱정할 것은 아니란다. 그래도 언어가 늦으면 다양한 의사소통이나 또래 관계 형성에 어려움을 겪을 수 있으니 6개월 이상 언어 발달이 지연된다면 소아정신과 의사 등을 찾아가서 상담해보는 게 좋아.

운동 발달

0~1세	뒤집기-기기-서기 장난감 잡고 흔들기, 연필로 긁적거리기
1~4세	혼자 걷기, 뛰기, 던지기, 차기 동그라미 그리기(2세), 토막 6개 쌓기(2세), 십자가 그리기(3세),
4~7세	한쪽 발로 뛰기, 줄넘기, 가위질 사각형 그리기(4세), 사람 그리기(4세~5세), 다이아몬드 그리기(6세)
7~12세	구기 운동(야구, 축구 등), 자전거 타기 다양한 그림 그리기, 모형 제작하기

사회, 정서 발달

0~1세	눈맞춤(1개월) 사람을 보고 기분 좋아 웃는 사회성 미소(2~8개월) 익숙한 사람과 떨어지지 않으려고 하거나 낯선 사람을 보고 불쾌한 감정을 나타내는 분리불안, 외인불안, 낯가림(6~8개월) 엄마와 애착 형성(6~12개월) 엄마의 기분을 살피며 눈치를 봄, 공감력을 나타냄 자극을 주면 다가가거나 물러나는 방식으로 감정을 조절함(7~12개월)
1~2세	자신의 감정을 인식하기 시작함. 이런 감정은 어른의 관찰과 격려에 의존적임(예를 들어, 칭찬을 하면 더 신나함) 감정을 스스로 조절하기 위해 언어를 사용하기 시작함(예를 들어, 스스로 "뚝 뚝"이라고 말하면서 울음을 그치려고 노력함) 자신의 감정과 다른 사람의 감정 반응이 다를 수 있음을 인식하기 시작함(예를 들어, 나는 초콜릿을 먹으면 기분이 좋지만 엄마는 아닐 수도 있다는 것을 인식하기 시작함) 감정을 표현하는 어휘를 습득함 말로 공감을 표현함(예를 들어, 엄마가 아파하면 "엄마 아야?" 하면서 엄마에게 다가감)

3~6세	자의식적 감정이 자신에 대한 평가와 밀접하게 연관됨(예를 들어, "나는 울보예요"라는 말로 자신을 지칭하며 자존감이 떨어짐) 상징과 언어능력이 향상되면서 감정 조절을 위해 적극적인 전략을 사용함(예를 들어, "울음 주머니를 꽁꽁 묶어요"라면서 울음을 참음) 감정 표현 규칙을 따르기 시작함(예를 들어, 예의에 어긋나는 말을 하지 않으려고 노력함) 감정의 원인, 결과, 행동 신호에 대한 이해가 정확도, 복잡도 면에서 점점 나아짐(예를 들어, 화가 나는데는 사람과 상황에 따라 다양한 이유가 있다는 것을 알고 상대방이 왜 화가 났는지 여러 가지 이유를 생각해냄) 언어가 발전할수록 공감을 더 잘 표현함
7~11세	자의식적 감정이 자신의 우수함과 좋은 행동에 대한 내적 기준에 통합됨(예를 들어, "나는 정직해. 믿을 만한 사람이야. 그래서 사람들이 나를 좋아해.") 감정적인 자기 조절을 위해 문제 중심 해결과 감정 중심 해결 사이를 오가면서 내적 전략을 사용함(짝이 놀려서 화가 나는 경우의 문제 중심 해결: "짝을 바꿔달라고 엄마에게 조를 거야." 감정 중심 해결: "다른 애들과 놀면 화가 풀리니 짝이 놀려서 화가 나면 다른 애들과 놀 거야.") 감정 표현 규칙을 의식적으로 인식하고 따르는 능력이 향상됨(예를 들어, 친구 어머니가 준 김밥이 맛없어도 먹고 난 후에 "잘 먹었습니다"라고 인사함) 다른 사람의 감정을 판단할 때 상충되는 단서들을 조화롭게 일치시킴(예를 들어, 엄마가 말로는 화가 안 났다고 하지만 표정이나 말투를 보니 화가 난 것 같다고 판단함) 사람이 복잡한 감정을 가질 수 있으며 표현이 진정한 감정을 반영하는 것이 아닐 수도 있음을 깨달음(예를 들어, 너무 기뻐서 울 수도 있음을 이해) 자신이나 다른 사람의 감정을 이해하는 능력이 향상되면서 공감능력이 커짐

언어 발달

0~1세	엄마의 목소리와 모국어 듣기를 선호함 이야기에서 단어와 음절 강세 패턴을 분석함 익숙한 단어를 인식함 언어를 사용하기 전이지만 의사소통을 위해 손가락으로 가리키는 등 몸짓을 사용함 엄마와 한 번씩 옹알이를 반복하는 음성 교환을 함 첫 단어 말하기(12개월)
1~3세	두 단어 문장(맘마 줘, 24개월) 세 단어 문장(엄마 맘마 줘, 36개월) 수백 개의 어휘 습득 한 가지 주제로 이야기 오가기에 참여함
3~5세	아직 모르는 단어를 지칭할 때 새로운 말을 만들어냄(예를 들어, 포크를 두고 '꼭꼭'이라고 표현함) 구체적, 감각적 비교에 근거한 은유를 이해함(예를 들어, "주머니에 공을 너무 많이 넣으면 주머니가 배가 부르대") 말하는 사람의 의도를 이해하기 시작함(예를 들어, 엄마가 쓰레기를 들고 "그거 가져와"라고 하면 아이가 쓰레기통을 가지고 옴) 듣는 사람의 관점과 사회적 기대에 맞춰 말하는 것을 조절함(예를 들어, 길에서 만난 할머니에게 대놓고 "주름이 쭈글쭈글해"라고 말하지 않음) 확실하지 않은 메시지에 대해 확실하게 말해달라고 요청함 사건을 시간 순서대로 이야기함
6~10세	초등학교에 입학할 무렵, 1만 개 정도의 어휘를 습득 정의에 근거한 단어의 의미를 이해함 은유나 유머 등 단어의 다양한 언어유희를 즐김(예를 들어, "굴은 굴인데 못 먹는 굴은? 답 동굴.") 말하는 사람의 의도를 이해하는 능력이 향상됨 전화같이 부담되는 상황에서 명확하게 의사소통함 적절한 정보와 평가가 풍부한 논리적인 이야기를 만들어냄

성 발달

0~3세	남자와 여자를 조금씩 구별함
3~6세	남자와 여자를 구별함 그러나 아직 외모나 행동에 따라 남자가 여자가 될 수도, 반대로 여자가 남자가 될 수도 있다고 믿기 때문에 개념을 습득하고 공고히 하기 위해 전형적인 성 역할을 고집하는 경우가 많음
6세	타고난 성별이 바뀔 수 없다는 것을 확실하게 이해함 노력해도 여자아이가 할아버지가 되고 남자아이가 할머니가 될 수 없다는 것을 깨달음

놀이 발달

0~1세	혼자 놀이, 감각 운동 놀이, 부모와의 신체 접촉 놀이 도리도리, 잼잼, 짝짜꿍, 까꿍
1~4세	몸의 평행을 잡는 놀이(한 발로 뛰기), 모방 놀이, 토막 쌓기, 자동차 놀이, 손발-신체 협응 놀이
4~7세	협동 놀이, 극적 가상 놀이, 부부 혹은 가족 모방 놀이, 소꿉놀이, 또래와 몸싸움(뒹굴기)
7~12세	경쟁적 게임, 컴퓨터 놀이, 또래 집단 놀이, 스포츠, 책 읽기, 만화 읽기

부모들이 소아정신과를 찾게 되는 발달 문제를 시기별로 파악하고 있는 것도 중요해. 아래 제시된 사항을 보고 네 아이에게 특별한 문제는 없는지 잘 체크해보렴. 그런데 아이마다 성장 속도는 다 제각각이란다. 너무 조급하게 생각하고 있는 건 아닌지 유념하고 여유로운 마음으로 아이를 바라봐야 해.

1세: 뒤집기 기기, 서기 같은 운동 발달이 너무 늦어요. 불러도 돌아보지 않거나 눈 맞춤을 안 해요.

2세: 말이 늦어요. 아직 말을 하지 못해요. 이제 겨우 한두 단어를 말할 뿐이에요.

3세: 고집이 너무 세요. 너무 공격적이에요. 물건을 던지고 친구를 때려요.

4세: 또래 아이들과 어울리지 못해요.

5세: 자위를 해요. 너무 잘 울어요.

6세: 산만해서 수업 중에 가만히 앉아 있지 못해요.

7세: 학습이 너무 늦어요. 한글을 거의 못 읽어요.

1세, 2세 때 발달이 너무 늦다면 전문가를 찾아가서 진단을 받아보는 게 좋아. 발달의 종류에 따라 소아정신과, 재활의학과, 이비인후과 전문의와 상담해보는 게 좋아. 3세 때 위와 같은 문제를 겪는다면 행동보다는 말로 표현하도록 가르쳐주렴. 4세 때 위와 같은 문제를 겪는다면 또래 아이들과 자연스레 어울릴 환경과 기회를 만들어 줘. 만약 아이가 수줍음이 심하다면 천천히 아이가 어울릴 수 있도록 기다려주는 것도 좋아. 5세 때 위와 같은 문제를 겪는다면 자신의 몸보다는 다른 것에 관심을 가질 수 있게 해줘. 아이는 자신의 몸을 가지고 놀고 있는 거란다. 심각하게 생각할 필요 없어. 더 재미있는 놀이가 생긴다면 금세 다른 데 관심을 기울일 거야. 6세 때 위와 같은 문제를 겪는다면 주변에 자극이 너무 많은 것은 아닌지, 산만한 원인을 찾아서 조정해보렴. 그래도 정도가 심하다면 소아정신과 전문의와 상담을 해보는 게 좋단다. 7세 때 위와 같은 문제를 겪는다면 아이가 학습할 수 있는 충분한 환경과 기회를 만들어주렴. 그럼에도 불구하고 학습이 많이 늦다면 지능이나 학습장애가 있는 것은 아닌지 소아정신과 전문의와 상담을 해보는 게 좋아.

놀이의 공격성은 아이의 갈등과 불안을 보여준다

신혼 때, 명절이 되면 큰집, 작은집 가족들이 모두 모였어. 60명도 더 되는 친척들이 한집에 모였지. 예전에는 그만큼 일가친척이 모이는 일이 많았어. 친인척의 교류가 잦았지. 그런 환경은 아이를 키우는 데도 큰 영향을 주었단다. 여러 어른들의 관심과 사랑이 아이의 성장에 긍정적인 영향을 미치는 것은 당연한 일이지. 너와 지상이가 어렸을 때도 그랬단다. 엄마, 아빠가 일하는 동안 너와 지상이는 외할머니, 친할머니, 이모 집을 오가며 사랑을 받았어. 덕분에 엄마는 안심하고 일할 수 있었어. 그런데 요즘은 친인척들의 교류가 예전만큼 활발하지 않아. 그만큼 엄마, 아빠들의 양육에 대한 책임이 더 커졌지. 게다가 맞벌이를 하면 아이를 키우는 게 훨씬 더 힘들 수밖에 없단다.

이런 부담은 부모에게 과도한 스트레스를 유발해. 누구나 피곤하면 짜증이 나게 마련이야. 이런 상태에서는 부부싸움도 잦아져. 엄마, 아빠는 아이가 보는 데서 싸우지 않았고 아이 앞에서 힘든 내색을 안 했다고 생각할 수도 있어. 그렇지만 아이들은 어른들이 생각하는 것보다 훨씬 더 예민하단다. 아이들은 피곤하고 짜증이 난 부모, 부부싸움 후의 미묘한 긴장 상태를 모두 감지하고 불안함을 느껴. 어른들과 달리 아이들은 "나 불안해요"라고 말로 표현하지 못하는 경우가 많아. 아이의 불안은 일상생활 속에서 나타날 수도 있고 아닐 수도 있어. 하지만 아이가 노는 것을 보면 아이의 갈등이나 불안이 잘 드러난단다. 아이가 불안할 때 놀이에서는 여러 가지 증후가 나타나. 엄마와 분리불안을 느끼거나 유기불안이 있는 아이들은 놀이에 집중하지 못해. 계속 엄마 옆에만 붙어 있으려 하고, 엄마가 어디 가지 않나 감시하느라 바빠서 놀이를 할 여력이 없지. 놀더라도 이거 했다 저거 했다 하면서 꾸준히 집중하지 못해. 당연히 차분하지 못하고 산만한 모습을 보이지. 잘 놀던 아이가 갑자기 제대로 놀지 못하고 산만해졌다면 아이 나름대로 트라우마나 스트레스를 느끼는 게 분명해.

갈등이나 불안이 과격하거나 공격적인 놀이로 표출되는 경우도 있어. 장난감을 집어 던지기도 하고 로봇이나 동물 인형들끼리 서로 잡아먹는 싸움 흉내를 내기도 해. 이런 놀이는 정상적인 발달 과정에서도 흔히 볼 수 있는 것으로, 그 자체로 크게 걱정할 필요는 없어. 그렇지만 갑자기 과격하고 공격적인 놀이를 많이 한다거나, 내내 싸우는 놀이만 한다면 아이가 과도하게 스트레스를 받고 있는 게 아닌지 살펴볼 필요가 있단다.

아이 자신은 자신이 어떻게 놀고 있는지 스스로 인지하지 못해. 놀이에 집중하지 못하고, 산만하고 과격하고 공격적이 되었다는 것을 깨닫지 못해. 더군다나 자신이 불안해서 그렇게 되었다는 것은 더더욱 모른단다. 아이가 왜 불안한지 이유를 찾는 것은 엄마의 몫이야. 엄마가 너무 혼을 내서 그럴 수도 있고, 쓸데없이 겁을 줘서 그럴 수도 있어. 아직 준비가 안된 아이에게 무리한 요구를 해서 그럴 수도 있지. 아이가 원하는 것을 너무 잘 들어줘서 그럴 수도 있고, 너무 안 들어줘서 그럴 수도 있어.

제대로 표현하지 못하는 아이의 갈등이나 불안을 알아채고 그 이유까지 알아내야 하니 엄마 역할은 참 어려운 것 같지? 그렇지만 어렵다고 해서 포기하면 안 돼. 이럴 때는 아이의 놀이를 활용하렴. 놀이를 관찰하면 아이의 갈등과 불안에 대해 알 수 있단다.

아이들은 마치 남의 이야기인 듯 자신의 이야기를 하는 경우도 많아. 지상이는 네가 태어나기 전에 인형을 가지고 가족 놀이를 했어. 조그만 아기 인형을 돌보는 가족 놀이를 하면서 동생이 생기는 상황에 대한 불안을 줄이고 예행 연습을 한 거지.

놀이를 지켜보다가 아이가 무엇을 고민하고 있는지 알아챘더라도 다짜고짜 "그거 네 이야기지?"라고 아는 척해서는 안 돼. 현실의 괴로움을 놀이로 달랠 때 놀이는 비로소 놀이가 되고 치유의 힘을 가질 수 있어. 놀이를 통해 아이의 고민을 알았더라도 아이가 현실을 마주할 준비가 되기 전에는 현실로 아이를 끌고 와서는 안 돼. 아이의 놀이를 존중하면 아이는 놀이를 통해 갈등을 표현하고 그 갈등을 치유하는 힘을 스스로 갖추게 된단다.

아이의 놀이는 부모의 거울

모든 사람은 나름대로 독특한 개성이 있어. 이 같은 개성은 아이를 키우는 방식에서도 드러난단다. 성격이 급하면 아이를 키울 때도 급한 성격이 그대로 나타나 아이를 불안하게 하지. 완벽을 추구하는 성격이라면 실수하는 아이에게 관대하게 대하기 어려워. 부모의 실수는 대부분 부모의 성격과 연관 있단다. 부모가 지닌 성격의 장단점이 아이에게 영향을 미치는 거지. 자신의 성격을 제대로 알기 어려운 것처럼 자신이 어떤 부모인지 아는 것은 쉽지 않단다. 간섭을 너무 많이 하는 것 같다가도 반대로 너무 방관하는 것은 아닌지 걱정되고, 지나치게 관심이 많은 것인지 아니면 너무 무심한 것인지 헷갈리기도 해. 내 성격의 장단점이 아이를 키우는데 좋은 영향을 미치는지 아니면 나쁜 영향을 미치는지 늘 고민되지만, 그것을 판단하기가 쉽지 않단다.

네가 화장하거나 머리를 만질 때 꼭 필요한 것이 있지? 바로 거울이야. 우리는 거울을 보고 자신의 얼굴이나 헤어스타일이 어떻게 생겼는지 알 수 있단다. 외모를 가꾸려면 나를 비춰주는 거울이 꼭 있어야 돼. 내가 아이 키우는 모습을 비춰주는 거울이 있다면 아이를 더 잘 키울 수 있겠지. 내가 아이를 잘 대하고 있는지 알기 위해 다른 엄마들이 자신의 아이들을 어떻게 대하는지 보기도 하고, 책이나 인터넷에서 정보를 얻기도 하고, 가족이나 친구들에게 이야기를 듣기도 해. 때로는 아이가 노는 모습이 내가 아이를 대하는 모습을 비춰주는 거울이 되기도 한단다.

어렸을 때 너는 곰돌이 푸 냉장고 장난감을 가지고 엄마와 소꿉장난하는 것을 좋아했어. 너는 손님이 되어 가게 주인인 엄마에게 먹고 싶은 음식을 주문했지. 엄마가 음식을 준비하는 시늉을 하고 있는데 네가 자꾸 "빨리빨리 주세요"라고 했어. 엄마는 뭐가 그리 급할까 의아해하다가 깨달았단다. 네가 놀면서 외치는 "빨리빨리"는 엄마가 늘 입에 달고 사는 말이었다는 것을. 그즈음 늘 마음이 바빴던 엄마는 주말에 널 데리고 산책을 나가면서도 밥도 빨리빨리 먹고 옷도 빨리빨리 입고 신발도 빨리빨리

신으라고 널 재촉했어. 너와 놀면서 네게서 평소의 엄마 모습을 본 거지. 엄마는 뜨끔했단다. 그날 이후 엄마는 되도록 서두르지 않고 너를 대하려고 노력했어. 하루 아침에 엄마의 빨리빨리 습관이 바뀐 것은 아니지만 조심하려고 애쓰는 동안 조금씩 변했을 거라고 믿어.

완벽한 사람이 없는 것처럼 완벽한 부모도 없어. 실수를 줄이고 완벽해지기 위해 애쓰는 부모가 가장 훌륭한 부모란다. 아이를 더 잘 키우기 위해 늘 고민하고 애쓰는 부모, 그게 좋은 부모란다. 네가 잘하고 있는지 알고 싶다면 네 아이의 놀이를 지켜보렴. 네가 모르는 사이에 아이는 네가 하는 그대로를 흉내 내면서 놀고 있을 거야. 그 모습을 보면 마치 너 자신을 보는 것 같아 놀랄지도 몰라. 아이의 놀이를 보면 너 자신을 알 수 있단다. 평소에 참을성 있고 사려 깊게 아이를 대했다면, 아이는 놀면서도 차분하고 배려하는 행동을 할 거야. 쉽게 소리 지르고 성질을 부렸다면 아이는 놀면서도 성급하게 행동하고 화를 내겠지. 아이의 놀이를 거울 삼아 잘못된 점을 고치려고 노력하다 보면 너는 어느 틈엔가 좋은 부모가 되어 있을 거야.

상황과 대상에 따라 다양한 아이의 모습

"내 안엔 내가 너무나 많아"라는 노래 가사처럼 우리는 여러 가지 모습을 가지고 살아가지. 누군가의 딸이었던 우리는 누군가의 아내, 그리고 누군가의 엄마가 되기도 한단다. 무뚝뚝한 딸이지만 살가운 아내가 될 수도 있고, 잔소리꾼 엄마가 될 수도 있어. 친한 친구 앞에서는 한없이 수다쟁이이지만 낯선 사람 앞에서는 꿀 먹은 벙어리일 수도 있어. 아무리 명랑한 분위기 메이커라도 장례식장에 가면 고인을 애도하며 조용하고 엄숙한 태도를 보이겠지.

우리가 다중인격자라서 그런 게 아니야. 모든 사람은 다양한 면이 있고 때와 장소, 상황에 따라 다른 모습이 나타난단다. 말 많고 명랑한 사람이 장례식장에서도 시끄럽게 수다를 떤다고 생각해봐. 그건 명랑한 사람이 아니라 그냥 눈치 없고 무례한 사람 아닐까? 그날의 상황이나 기분에 따라 다른 모습이 나타나는 것은 당연한 일이야. 한 사람 안에는 여러 가지 모습이 있단다.

이것은 아이들도 마찬가지야. 한 아이에게는 여러 가지 모습이 있지. 그날의 상황이나 기분에 따라 아이는 천사가 되기도 하고 빨간 꼬리와 뿔을 가진 꼬마 악마가 되기도 해. 너는 차분하고 순한 아이였단다. 엄마 말을 잘 듣고 좀처럼 화를 내는 일이 없었어. 늘 명랑하게 잘 놀았지. 그렇게 순한 줄만 알았는데 어느 날 엄마가 충격을 받은 사건이 있었단다. 친구들과 어울려서 공놀이를 했는데 네 팀이 졌어. 너는 너무 분해서 얼굴이 빨개지도록 화를 내며 발을 동동 구르더라. 어찌나 성질을 부리던지 네게 그런 모습이 있다는 것을 보고 엄마는 많이 당황했었지. 엄마가 너를 잘 알고 있다고 생각했지만 내가 모르는 너의 모습도 있었던 거야.

엄마들은 자기 자식을 객관적으로 보기 어렵단다. 자신의 못다 이룬 꿈을 아이를 통해 이루고 싶어 하지. 부족했던 자신의 과거나 현재를 아이를 통해 보상받고 싶어하는 마음도 있어. 그래서 아이를 있는 그대로 보지 못하고 자신이 생각하는 이상적인 모습을 투영해서 보는 경우가 많아. 그러다 보니 보고 싶은 모습만 보게 되고, 보고 싶지 않은 모습은 외면하지. 도저히 외면할 수 없을 때는 너무 속이 상해서 아이를 더 매몰차게 혼내기도 해.

네 아이는 부족한 네 인생을 보상해줄 누군가가 아니란다. 네 아이는 네 인생과는 별도로 사랑받고 행복하게 자라야 할 독립된 존재야. 사랑의 시작은 받아들임이란다. 네 아이를 있는 그대로 바라봐야 진정 그 아이를 사랑할 수 있게 될 거야.

다양한 상황과 환경에서 아이가 노는 모습을 살펴보면 너는 네 아이에 대해 많은 것을 알게 될 거야. 혼자 놀 때, 엄마와 놀 때, 또래 친구와 놀 때, 집에서 놀 때, 유치원이나 어린이집에서 놀 때 아이는 다 다른 모습일 거야. 아이의 다양한 모습에 놀라게 될 테지만 그 모든 모습이 네 아이란다. 다양한 아이의 모습을 인정하고 있는 그대로를 봐주는 엄마가 되길 바란다.

현명한 엄마로 거듭나는 육아 TIP

육아는 인내의 연속입니다.
아이를 관찰하고 지금 내가 어떤 엄마인지 살펴보세요.

엄마도 사람입니다. 때문에 감정적일 수도 있고,
일관성이 없을 수도 있습니다.
그러나 아이는 엄마를 통해 자라나고 변화합니다.
엄마의 작은 행동이 아이에게는 엄청난 영향력을 미칩니다.
혹시 아이가 갑자기 낯선 행동을 한다면
먼저 엄마인 나의 모습부터 살피세요.
그리고 끊임없이 아이를 관찰하세요.
육아는 인내의 연속입니다.
아이에게 끊임없이 관심을 갖고 객관적으로
상황을 판단을 하는 게 중요합니다.
엄마의 욕심으로 아이를 보고 강요하지 마세요.
있는 그대로를 봐주고
올바르게 성장할 수 있도록 지켜봐주세요.

보려면 보인다, 나는 어떤 엄마?

…

아이를 잘 키우려면
자신이 어떤 엄마인지 아는 게 중요하다

얼마 전 지상이와 너와 함께 주말에 온 가족이 무엇을 할지 이야기를 나눴어. 이런저런 이야기를 하던 중 지상이가 같이 여행을 할 때 엄마와 아빠의 다른 점을 이야기했어. 아빠는 무엇을 할지 결단이 빠르지만 하러 가는 과정에서 자주 계획을 바꾸고, 엄마는 결정하기까지 시간이 오래 걸리지만 일단 한번 결정하면 계획을 바꾸는 일이 별로 없다고 했어. 너도 옆에서 맞는 이야기라며 맞장구치더라. 정말 아빠와 엄마의 차이를 잘 짚

어낸 것 같아서 엄마도 지상이의 이야기를 재미있게 들었어. 그러면서 이제는 엄마, 아빠에 대해 객관적으로 분석할 정도로 너희들이 다 자란 어른이 되었구나 하는 생각이 들어 조금 놀랐단다. 그리고 그때까지 한 번도 내가 그렇게 행동한다고 생각해 본 적이 없다는 것이 신기했어. 마치 하루 종일 머리 위에 나뭇잎을 달고 다녔는데 누군가가 알려줘서 비로소 알게 된 것 같은 기분이라고 할까?

사람은 자기 자신의 모습을 객관적으로 보기 어려워. 엄마로서 자신의 모습도 알기 어렵지. 그런데 엄마가 생각하는 엄마로서의 모습과 아이가 받아들이는 엄마의 모습 사이에는 엄청난 괴리가 있단다. 엄마는 자신이 너무 엄격하다고 생각하지만, 아이에게 물어보면 "우리 엄마는 멋져요"라는 전혀 예상치 못한 답이 돌아오는 경우도 있고, 반대로 엄마는 자신이 굉장히 열려 있다고 생각하는데 아이는 뭐든 엄마 마음대로만 한다며 불만을 갖는 경우도 있어. 낯선 곳에 가서 지도를 보고 목적지를 찾아가려면 가장 먼저 어떻게 해야 할까? 자신의 위치부터 확인해야 돼. 아이를 잘 키우려면 먼저 자신이 어떤 엄마인지 아는 게 중요하단다. 자신을 제대로 알아야 올바른 방향으로 가고 있는지 고칠 점은 없는지 알 수 있기 때문이야.

아이와 놀 때 엄마를 보면 엄마의 평소 모습을 알 수 있단다. 성질 급한 엄마는 아이와 놀 때도 기다리지 못해. 간섭을 많이 하는 엄마는 놀 때도 간섭을 많이 해. 네가 어떤 엄마인지 알고 싶다면 네가 아이와 노는 모습을 동영상으로 찍어보렴. 그리고 그 모습을 다시 살펴보는 거야. 거울을 보고 옷매무새를 고치듯, 아이와 노는 네 모습을 보면 네가 어떤 엄마인지 알 수 있을 거야. 만약 그래도 모르겠다면 주변 사람들과 함께 그 동영상을 보렴. 여러 사람의 의견을 들어보면 네가 어떤 엄마인지 알 수 있을 거야.

이제 놀이에서 나타나는 엄마의 모습들을 크게 여섯 가지로 분류해볼 거야. 읽으면서 너의 평소 행동과 비교해보면 네가 어떤 엄마인지 아는 데 도움이 될 거야.

못 기다리는 엄마, 수동적인 아이를 만든다

한국 사람들은 '빨리빨리'를 좋아해. 일도 빨리빨리, 운전도 빨리빨리, 밥도 빨리빨리, 모든 것을 빨리빨리 하려고 애쓰지. 커피 자판기에 동전을 넣고는 커피 컵이 나오는 구멍에 손을 대고 기다리고, 컵라면에 뜨거운 물을 부은 뒤 3분을 못 기다리고 젓가락을 넣어 휘젓는 게 한국 사람이야. 빨리빨리 덕분에 한국 경제가 고속도로 성장한 면도 있지만 빨리빨리가 아이를 키울 때도 나타난다면 그건 큰 문제야. 오늘 물 주고 내일 열매 맺기를 기대하면 어떻게 되겠니? 빨리빨리를 부르짖으며 아무리 채근해도 아이는 아이의 속도대로 자라기 마련이란다. 그 속도를 무시하고 빨리빨리 하라고 채근해대니 조바심을 내는 엄마나 보챔을 당하는 아이 모두 스트레스를 받는단다.

이런 엄마들의 놀이를 보면 몇 가지 특징이 있어. 무엇을 하고 놀지 아이가 선택해야 하는데 아이가 선택할 때까지 기다리지 못하고 엄마가 놀잇감을 골라줘. 아이의 손놀림이 엉성해서 바로 맞추지 못하면 엄마가 대신 로봇을 조립해주고, 퍼즐 조각을 어디에 넣어야 하나 아이가 잠시 고민하는 사이에 엄마가 벌써 퍼즐을 이리저리 맞춰주고 있어. 엄마가 색칠을 해주고 엄마가 가위질도 해. 기다리지 못하고 엄마가 모두 대신 해주는 거야. 이런 엄마는 일상에서도 아이 스스로 해낼 때까지 느긋하게 기다리지 못한단다. 아이가 결정할 때까지 기다리지 못하고 웬만한 결정은 엄마가 다해. 다른 일들도 마찬가지야. 아이 혼자 하면 시간이 걸리니 엄마가 대신 해주지. 밥도 떠 먹여주고, 신발도 엄마가 신겨줘. 성격이 급하다 보니 엄마는 여러 가지를 한꺼번에 지시해. "빨리 양치하고 세수하고 옷 입고 나와." 늘 이런 식이야.

이렇게 엄마가 빨리빨리 결정해버리는 상황에서 아이는 스스로 결정할 기회를 좀처럼 갖지 못한단다. 이런 시간이 계속되다 보면 아이는 혼자서 아무것도 결정하지 못하는 수동적인 아이가 돼. 엄마가 대신해주면 아이는 연습을 통해 숙달할 기회를 얻을 수 없어. 계속 느린 채로 남아 자신감이 점점 더 없어지지. 모든 것을 한꺼번에 지시하는 엄마가 키우는 아이는 하나씩 차근차근하며 스스로 해냈다고 느끼는 만족감을 느끼기 어려워. 성급한 엄마는 아이 혼자서 해결하는 능력, 자립심, 독립심, 자존감이 자라는 것을 방해한단다.

무엇이든 다 해주고 싶은 게 부모 마음이야. 할 수만 있다면 하늘의 별이라도 따다 주고 싶지. 그런데 한번 생각해봐. 내가 못 참아서 해주는 것이 과연 사랑일까? 부모가 해줄 수 있다고 다 해주는 것은 진정한 사랑이 아니야. 아이가 조금 힘들어 보이더라도 스스로 할 수 있도록 기다리고 격려해주는 것이 진정한 사랑이란다. 아이를 기다려주렴. 아이의 시간에 네 속도를 맞춰야 해.

만약 네가 성급한 엄마라면 아이와 이렇게 놀아주렴. 아이가 놀잇감을 고를 때까지 기다려줘. 무엇을 하면서 놀지 아이가 선택할 수 있도록 시간을 줘. 만약 아이가 선택하지 못한다면 아이에게 "이것은 어떻니?"라며 부드럽게 추천해줄 수는 있어. 그러나 선택은 아이가 하도록 놓아둬. 아이가 놀잇감을 골라서 놀기 시작하면, 아이가 잘 놀도록 방해하지 마. 시간이 걸려도 아이가 할 수 있도록 먼저 나서지 마. 나서서 대신해주고 싶어도 잠시 숨을 돌리며 아이를 기다려줘. 아이가 도와달라고 할 때만 나서서 도와주면 돼. 그러다가 아이가 스스로 해내면 같이 기뻐하고 칭찬해줘. 네가 아이와 천천히 노는 것에 익숙해질수록 아이는 자신감을 얻고 독립적인 아이로 잘 성장할 거야. 아이와 노는 것은 이인삼각 경주 같아. 엄마가 아무리 빨리 가고 싶어도 아이가 따라오지 못하면 결국 넘어지고 만단다. 아이의 흥미와 수준에 맞춰서 가야 더 빨리, 더 멀리 갈 수 있다는 것을 잊지 마렴.

무시하는 엄마, 소극적이고 줏대 없는 아이를 만든다

아이가 사춘기가 되면 부모 따로 아이 따로 생각하는 경우가 의외로 많아. 부모가 아이에게 맛있는 것을 사준다며 외식하자고 해도 아이는 싫다고 해. 아이에게 이유를 물으면 뭘 먹을지 늘 부모님 마음대로 결정하니 같이 가기 싫다고 하지. 부모는 "뭘 마음대로 해? 항상 뭐 먹을까 너한테 물어보잖아"라고 항변할 거야. 아이의 답을 들어볼까? "물어보기만 하잖아요. 내가 짜장면 먹고 싶다고 하면 짜장면은 몸에 나쁘다며 비빔밥을 먹자고 하고, 돈가스 먹고 싶다고 하면 오늘은 날이 더우니까 냉면 먹자고 하고. 물어보면 뭐해요. 항상 엄마 마음대로 하면서." 부모가 아이의 의견을 존중하지 않고 무시하면 아이는 스스로 선택하지 않는 수동적인 아이가 된단다. 설사 의견이 있더라도 표현하는 것을 주저하게 되거나, 아예 입을 다물어버려서 부모와 대화가 없어지기도 해.

그런데 부모는 왜 아이를 무시하는 걸까? 아이를 믿지 못하기 때문이야. 아이가 뭘 알겠느냐고 생각하는 거지. 아이에게 맡기면 아이가 잘 못할 거라고 생각하는 거야. 잘 아는 부모가 결정해주고 아이가 따라와야 올바른 길로 갈 수 있다고 믿지. 그런데 선택에 꼭 정답이 있는 건 아니잖니? 비빔냉면을 먹을까 물냉면을 먹을까에 정답이 있겠니? 때로는 좋은 대로 기분대로 결정할 수도 있어. 아이가 잘못된 선택을 했더라도 그것을 통해서 더 많은 것을 배울 수 있다면, 때로는 아이의 선택을 따르도록 해보렴.

예를 들어, 아이에게 2000원을 주고 사고 싶은 것을 사라고 했어. 아이는 2000원으로 모두 아이스크림을 사서 먹어버렸지. 그런데 조금 있다 보니 평소에 가지고 싶었던 장난감이 세일을 해서 2000원인 거야. 아이는 아까 아이스크림을 사 먹은 것을 후회하겠지. 조금만 참았더라면 장난감을 살 수 있었을 텐데 하고 말이야. 다음에 같은 기회가 생긴다면 아이는 바로 아이스크림을 사지 않고 한 번 더 생각할 거야. 이 2000원으로 더 나은 걸 살 수 있지 않을까 하면서 말이야. 아이는 실수를 통해 배운단다. 아이의 실수를 걱정할 필요는 없어. 대가가 너무 크지 않다면 아이의 의견을 최대한 존중해주렴. 정 걱정된다면 아이에게 귀띔해줄 수는 있겠지. "지금 아이스크림을 사 먹으면 나중에 더 갖고 싶은 것이 있어도 살 수 없게 될 텐데 그래도 지금 아이스크림을 살래?" 하고 말이야. 선택은 아이의 몫이고 그 결과도 아이가 감내하도록 해야 해. 이렇게 작은 실수와 작은 후회들이 모이다 보면 아이에게 더 크게 생각할 수 있는 힘이 생길 거야.

부모가 아이를 무시하는 또 다른 이유는 부모 자신이 너무 욕심이 많거나 자기중심적이기 때문이야. 아이에게 좋은 것을 먹이고 싶고, 더 많은 것을 가르치고 싶은 욕심에 아이의 생각이나 느낌에는 신경 쓰지 않게 되는 거지. 자기중심적 성향이 자기 자식을 키울 때도 나올 수 있단다. 이런 성향을 조심하지 않으면 아이를 과도하게 통제하게 돼. 과도하게 통제하고 간섭하다 보면 아이는 소극적이고 줏대 없는 어른으로 자라기 쉬워. 자기 의견을 자유롭게 표현하지 못한다고 무작정 스피치, 웅변학원에 보낼 게 아니라 마음을 열고 아이의 의견을 경청했는지 먼저 자기 자신을 돌아봐야 한단다.

아이를 무시하는 부모의 태도는 놀이에서도 그대로 나타나. 아이가 장난감 트럭을 만지작거리고 있어도 알파벳 블록을 가지고 와서 아이에게 놀자고 권해. 엄마가 보기에 더 교육적이고 흥미로운 것을 골라 아이에게 강요하는 거야. 아이의 흥미나 관심, 발달 수준과는 상관없이 엄마가 좋다고 생각하는 놀잇감을 고르지. 이런 엄마의 아이들은 대부분 엄마에게 순응하거나 아니면 강하게 반발하면서 떼를 쓴단다. 어느 쪽이든 아이가 커서 대화가 가능한 나이가 되더라도 대화로 원활하게 문제를 해결하는 경우는 극히 드물어.

만약 네가 무시하는 엄마라면 아이와 같이 놀면서 아이의 의견을 존중하는 연습을 해야 돼. "넌 왜 맨날 블록만 가지고 노니?" "색칠놀이는 어제도 했잖아" 등 아이의 선택에 토를 달거나 따지지 말고 존중해줘. 아이와 함께 즐겁게 놀아주고 아이의 흥을 돋워줘. 아이와 놀 때는 동심으로 돌아가 아이의 눈높이에 맞는 즐거운 놀이 친구가 되어주렴.

선생님 같은 엄마, 아이의 뇌 발달을 막는다

지상이는 어렸을 때 블록 놀이를 좋아했어. 나무 블록, 플라스틱 블록 등 모양도 색깔도 다양한 블록으로 집도 만들고 차도 만들곤 했지. 때로는 아주 어렵고 복잡해 보이는 것을 만들어서 엄마를 깜짝 놀라게 했단다. 한글도 스스로 깨우쳐서 엄마가 따로 가르칠 필요가 없었어. 그런데 지상이는 셈에 약했어. 지상이가 나무 블록을 좋아하니 블록을 이용해서 셈을 가르쳐주려고 했지. 하지만 지상이는 블록 쌓기에 관심이 있었지 숫자 세기에는 전혀 관심이 없었어. 엄마가 자꾸 "지상아, 이것 봐. 2개에 3개를 더하면 전부 몇 개야?" 이렇게 물어보니까 처음에는 건성으로 대답하더니 나중에는 귀찮은지 아예 대답도 안 하고 블록 놀이를 그만두더라. 그런 지상이를 보면서 엄마는 생각했어. 엄마가 셈을 가르쳐주려는 욕심이 지상이의 블록 놀이를 방해했구나.

엄마인지 선생님인지 헷갈릴 정도로 아이를 가르치려고 드는 엄마가 있어. 그런데 엄마는 무조건 안아주고 놀아주고 먹여주고 재워주고 보듬어주는 사람이고, 선생님은 가르치는 사람이잖아. 집에 가르치는 어른만 있으면 그 아이가 어떻게 잘 자랄 수 있겠니? 아이에게는 그 무엇보다 엄마가 필요해. 충분히 사랑해주고 그다음에 가르쳐도 충분하단다.

많은 엄마가 놀이와 공부는 별개의 것이고, 놀이보다 공부가 중요하다고 생각해. 이런 엄마들은 아이의 사고력을 키우는 것보다 단순한 지식을 알려주는 데 관심이 많아. 작은 동물 모형을 들고 한창 신나게 놀고 있는 아이에게 문어 모형을 들어 보이며 "이거 문어지? 문어는 다리가 몇 개일까? 다리가 8개인 거 보니까 문어 맞구나." 이런 식으로 말하는 거야. 엄마의 반복되는 질문과 설명 때문에 즐거운 놀이는 지루한 생물 수업이 되고 말지. 이러다 보면 아이는 놀이에 흥미를 잃고 아예 놀이를 그만두게 돼.

이런 엄마는 지식을 쌓고 이성적으로 사고하는 능력이 노는 것보다 중요하다고 생각해. 아이가 엉뚱한 상상을 하면 현실을 직시하게 만들려고 하지. 그러나 이성과 지식이 전부가 아니란다. 창조적인 영감은 엉뚱하고 기발한 상상에서 나오거든. 아이의 사고력과 상상력은 엄마가 일방적으로 가르칠 수 있는 게 아니야. 아이가 놀면서 스스로 터득하고 발달하는 거지. 그러니 아이가 잘 놀도록 해주렴.

어린아이일수록 아이의 뇌는 놀면서 발달한단다. 아이가 재미, 흥미, 호기심을 느끼는 대상에 집중하고 스스로 문제를 풀어 보는 과정에서 뇌는 발달해. 실패를 거듭하면서 새로운 방법을 궁리하고, 성공하고 나면 성취감을 느껴. 간단해 보이는 나무 퍼즐조차 아이들에게는 큰 도전이 돼. 퍼즐을 맞추는 과정에서 아이의 뇌는 발달한단다. 아이들은 놀면서 사고력, 판단력, 창의력, 문제 해결력을 키워. 놀이가 곧 공부인 거지. 엄마가 굳이 가르치지 않아도 아이들은 놀이를 통해 상상력을 키운단다. 놀면서 아이를 가르치려 드는 엄마는 자칫 이런 아이의 상상력 발달을 막을 수 있어. 이런 엄마는 평소에도 가르치는 것에 익숙해서 아이의 창조성을 해친단다. 매사에 가르치려고 들면 틀에 박힌 생각만 하는 아이로 자랄 수 있으니 조심하렴.

산만한 엄마,
산만한 아이를 만든다

무엇이든 잘 배우려면 집중을 잘해야 돼. 아이가 놀이에 집중할 수 있도록 도와주면 아이의 뇌는 우리가 상상하는 거 이상으로 발달한단다. 그런데 엄마가 산만해서 아이가 집중하는 것을 방해하는 경우도 있어.

얼마 전 엄마의 진료실을 찾아온 부모와 아이의 이야기를 해줄게. 아이가 블록 놀이를 하는 동안 엄마는 소꿉놀잇감을 살펴보며 "이것 봐. 가스레인지 손잡이가 돌아가네"라고 말했어. 그러면서 엄마는 아이 앞에 가스레인지를 내밀었지. 아이는 가스레인지를 신기한 듯 살펴보며 손잡이를 조작했어. 아이가 가스레인지를 다 살펴보기도 전에 엄마는 "어머, 이 소는 누르면 소리가 나네"라고 하며 아이의 코앞에 젖소 인형을 들이대면서 꾹꾹 눌러 소리가 나게 하더라. "음매 음매" 소리에 아이는 젖소 인형을 잡고 살펴봤지. 엄마는 "이것도 소리가 난다. 이거 봐"라고 말하며 인형을 보고 있는 아이에게 퍼즐 장난감을 들이밀었어. 아이는 한 가지도 제대로 가지고 놀 시간이 없었을 거야. 엄마가 들이미는 것들을 보느라 정작 아이는 집중해서 탐색할 기회가 없었어. 이래서는 아이가 스스로 배울 수 없어. 엄마가 산만하면, 아이도 산만해져. 이런 엄마의 일상을 보면 아이에게 동시 다발적으로 여러 가지를 요구하거나 지시를 해. "양치하고 옷 입고 와서 밥 먹어." 이렇게 한꺼번에 지시하면 아이는 한 가지도 제대로 하지 못한단다. 놀 때 산만한 엄마는 일상에서도 산만한 아이를 만들어.

산만한 엄마는 왜 그렇게 산만할 걸까? 몇 가지 이유가 있단다. 엄마 자신이 ADHD 같은 병을 앓고 있을 가능성이 있어. 사람들은 ADHD가 집중하지 못하는 병이라고 오해하는데, 더 정확하게 말하면 집중에 기복이 있는 병이야. 자신이 좋아하는 일에는 푹 빠져서 옆에서 다른 사람이 불러도 모를 정도로 과몰입하지. 반대로 지루하거나 흥미 없는 일에는 집중하기 힘들어해. 엄마가 ADHD일 경우, 엄마는 아이의 놀이에 집중하지 못할 뿐만 아니라 일상생활에서도 집중 기복이 심해서 아이를 양육하는 데 어려움을 겪는단다. 또 다른 이유로는 엄마가 스스로 자신이 없는 경우가 있어. 한 가지 놀이를 아이에게 권하지만 그 놀이가 적절한 것인지 잘 몰라서 아이에게 곧 다른 놀이를 권해. 아이는 어디에 집중할지 길을 잃게 되지.

엄마가 차분해야 아이도 차분하게 놀아. 먼저 아이의 놀이에 집중하렴. 아이가 쳐다보는 곳을 같이 쳐다보고, 아이가 관심 있게 보는 것을 같이 봐. 아이가 한 놀이를 마칠 때까지 기다리며 같이 놀아줘. 아이의 흥미와 수준을 몰라서 어떻게 놀아줘야 할지 모르겠다면 아이에게 맡겨놓고 아이의 선택을 따라가는 것도 방법이야. 아이의 수준에 맞춰 한 번에 하나씩 경험하도록 해줘. 아이가 한 가지를 완수하면 칭찬해서 스스로 해냈다는 기쁨을 느끼게 해주렴.

무심한 엄마, 아이와의 소중한 시간을 흘려보낸다

처음 대학에 발령을 받은 뒤, 몇 년간은 정신없이 바빴단다. 네가 일어나기도 전인 이른 새벽에 출근해야만 했지. 한밤중 집에 돌아오면 너는 이미 자고 있었어. 깨어 있는 너를 못 보는 날이 비일비재했어. 간간이 보는 너는 늘 사랑스러웠어. 그래서 엄마는 네가 잘 자라는 줄 알았단다. 그런데 나중에 듣고 보니 5살 위 네 오빠가 너를 참 많이 괴롭혔더구나. 네 유치원 가방을 방에 넣고 잠가서 유치원을 못 가게 해놓고는 발을 동동 구르는 너를 놀린 적도 있었고, 잘못도 없는 어린 너에게 엎드려 뻗쳐를 시키며 괜히 괴롭히기도 했지. 이런 이야기를 들으며 엄마는 바쁘다는 핑계로 네게 무심했다는 생각이 들어 마음이 아팠단다. 엄마가 제일 바빴던 때 너는 3~7세 정도였어. 그때 너와 놀았던 기억이 유달리 적은 것 같아 많이 아쉽고 안타까워.

엄마가 아이에게 무심해지는 데는 여러 가지 이유가 있어. 딸이 둘 있는 엄마가 있었어. 큰딸이 희귀염색체 질환을 앓고 있었는데 면역력이 떨어지고 지능도 낮아서 엄마는 큰애를 돌보느라 둘째에게 신경을 쓸 여유가 없었지. 엄마와 두 딸이 함께 노는 것을 봤더니 큰애와 엄마는 사이좋게 잘 노는데 작은아이는 혼자서 놀고 있었어. 아마 엄마는 첫째를 신경 쓰느라 둘째를 챙기지 못하고 있다는 사실조차 인지하지 못했을 거야. 엄마도 사람이니 똑같은 시간과 마음으로 자식을 대할 순 없어. 그러니 자식이 둘 이상인 경우에는 자식 모두에게 적절한 관심을 주고 있는지 객관적으로 살펴볼 필요가 있단다. 너도 모르는 새에 아이가 상처를 받고 있을 수도 있어.

엄마가 우울증이 있는 경우도 있어. 만사가 귀찮고 우울한 엄마는 아이와 제대로 놀아주지 못해. 아이와 애착이 형성되어야 할 가장 중요한 시기를 놓치면 이후에는 친해지기 어렵단다. 서로 이해하기가 어려워지지. 이런 모습은 놀이에서도 그대로 나타나. 아이는 아이대로, 엄마는 엄마대로 따로국밥처럼 놀고 있는 모습을 볼 수 있지. 무심한 엄마는 아이의 놀이에도 별 관심이 없고, 심한 경우에는 아이가 다 놀기를 기다리며 옆에서 핸드폰을 보는 경우도 있어. 아이와 엄마의 표정은 어둡고 대화도 별로 없지.

아이는 알아서 크는 거라며 아이에게 별로 관심이 없는 엄마도 있어. 이렇게 무심한 엄마는 아이의 발달 정도나 흥미에 대해 아는 것이 별로 없단다. 아이는 아이대로 놀고, 엄마는 아이가 노는 동안 자기 관심 가는 일만 하지.

내 인생의 가장 큰 축복은 지영이 네가 내 딸이라는 거야. 비록 3~7세 무렵 어렸을 때는 엄마와 많은 시간을 보내지 못했지만 그전이나 후에 우리는 많은 시간을 함께 놀았고 소중한 관계가 되었지. 네가 커서 일 때문에 아무리 바빠도 아이들과 같이 노는 시간은 꼭 마련하렴. 네 아이가 너를 무심한 엄마로 기억하지 않았으면 좋겠구나. 엄마와 아이가 같이 논 시간은 너와 네 아이 모두에게 가장 소중한 추억으로 남을 거야.

불안하고 걱정 많은 엄마, 불안은 전염된다

걱정 많은 사람은 머리에 생각이 가득하지. 사소한 일이 생겨도 그에 대한 생각이 꼬리에 꼬리를 물고 이어져. 잘될 것 같다는 생각이 들면 잠깐 기분이 좋다가도 일이 안 풀릴 것 같다는 생각이 들면 금방 기분이 나빠지곤 하지. 실제로는 아무 일도 없는데 생각만으로 천국과 지옥을 왔다 갔다 하는 거야.

아이가 엄마 지갑에 손을 댔어. 5000원을 가지고 나가서 장난감을 샀대. 걱정 많은 엄마는 너무나 불안했지. '아이들이 자라면서 그럴 수도 있지. 크면 괜찮아질 거야.' 이런 생각이 들면 안심되다가도, '바늘 도둑이 소 도둑 된다는데 이러다 정말 나쁜 길로 빠지면 어쩌지?' 하는 생각이 들면 금방 그 아이가 절도범으로 전과자라도 될 것 같아 불안에 떨지.

걱정 많은 엄마의 놀이는 일관성이 없어. 엄마의 마음이 편하면 아이의 놀이에 잘 집중하다가도 나쁜 생각이 들면 금방 어쩔 줄 몰라 하면서 자기 생각에 빠져들어 엉뚱한 반응을 보인단다. 이런 엄마는 일상 역시 마찬가지라서 자신의 생각이나 걱정에 따라 감정 기복이 커. 아이가 실수로 물을 엎질렀을 때, 마음이 편한 상태라면 그냥 넘어가지만, 걱정 불안이 심할 때는 갑자기 아이에게 버럭 화를 내며 면박을 주는 식이지.

걱정은 사람의 눈을 가려 상황을 제대로 보지 못하게 만든단다. 걱정을 지나치게 많이 한다 싶은 부모라면 걱정 기록장을 만들어보라고 권하고 싶어. 오늘의 걱정을 기록해두었다가 시간이 흐른 뒤 다시 걱정 기록장을 보는 거야. 부모가 걱정 기록장을 쓰지 않는 경우, 의사로서 따로 부모의 걱정을 메모해두기도 한단다. 나중에 걱정 기록장을 보여주면 대부분 "그때 왜 그런 쓸데없는 걱정을 했을까요?"라며 매우 쑥스러워해. 과거의 걱정이 쓸데없었다면 오늘의 걱정도 나중에 보면 아무것도 아닐 수 있지 않을까.

엄마는 참 힘들어. 엄마도 사람인데 걱정거리가 있을 때도 있고 불안할 때도 있는데 아이에게 표를 낼 수 없지. 그런데 아이는 엄마의 감정 상태를 그대로 느낀단다. 엄마가 불안해하면 아이도 불안해하고, 그것은 아이의 성격과 감정에 영향을 미쳐. 아이에게 걱정을 전이시키지 않으려면 우선 내 모습을 돌아보는 게 중요해. 내 마음을 잘 돌봐서 단단하게 해야 아이도 건강하게 키울 수 있단다.

현명한 엄마로 거듭나는 육아 TIP

엄마가 행복해야 아이도 행복합니다.

아이의 정서적 안정은 엄마로부터 옵니다.

직장은 퇴근이 있지만 육아는 퇴근이 없다는 말이 있습니다.

그만큼 힘들다는 것이지요.

아이 앞에서는 끊임없이 인내해야 하고, 무한한 사랑을 줘야 합니다.

이것이 말처럼 쉽지 않습니다.

엄마도 불현듯 화가 나기도 하고,

아이와 떨어져 혼자 있고 싶을 때도 있습니다.

또, 사랑하는 아이 앞에서 미래에 대한 걱정만

잔뜩 떠오르는 경우도 있죠.

그러나 아이에게 절대 티내지 마세요.

어느 상황에서든 항상 일관성을 유지하세요.

힘들더라도 단단하게 마음을 먹고 어떤 상황에서도

따뜻한 엄마가 되려고 노력하세요.

아이의 정서적 안정은 엄마로부터 온다는 사실을 잊지 마세요.

아이들과 놀 때는 이런 마음가짐으로

...

연애하듯 놀아줘라

지상이와 네가 아기였을 때 나는 너희들이 노는 것만 봐도 너무 좋았어. 그 순간이 지나가는 것이 아까워서 너희들의 모습을 눈에 새겨두고 싶을 정도였지. 아무리 오랜 시간이 지나도 사라지지 않는 사진처럼 너희들의 모습을 머릿속에 남겨두고 싶었어. 내가 너희들을 사랑에 빠진 눈으로 볼 때 너희들도 분명 행복했을 거야. 연애하는 사람의 마음속엔 온통 사랑하는 사람에 대한 생각뿐이지. 아이들과 놀 때도 이런 마음이 필요하단다.

엄마가 가끔 뜬금없이 카톡을 보내 "밥 먹었니?"라고 물어보곤 하지? 밥을 먹었느냐는 말에는 보고 싶다, 뭐하고 있는지 궁금하다는 뜻이 포함되어 있단다. 사랑하면 궁금해진단다. 밥은 먹었는지, 뭘 먹었는지, 뭘 하고 있는지, 그냥 모든 게 다 궁금하고 관심거리야. 사랑에 빠지면 상대방의 소소한 일상도 큰 흥밋거리가 된단다. 아이들과 놀 때, 이렇게 아이의 놀이에 관심을 갖고 궁금하게 생각해보렴.

사랑에 빠진 사람은 사랑하는 사람의 얼굴에서 눈을 떼기 어려워. 사랑하는 이의 얼굴이 아름답고 예뻐 보여서 그럴 수도 있지만, 한 꺼풀 깊이 들어가 보면 사랑하는 이의 기분을 알고 그에 공감할 마음의 준비를 하고 있는 거란다. 흥미롭게도 사랑하는 사람의 얼굴을 봤을 때 뇌의 반응은 마약 중독자가 마약을 봤을 때의 반응과 비슷해. 재미있는 것은 사랑하는 자식을 봤을 때도 이와 비슷한 뇌 반응이 일어난다는 거야.

아이와 사랑에 빠지면 머리와 가슴이 온통 아이에게 향한단다. 아이의 모습에 눈을 떼기 어렵고, 안 보면 보고 싶고 궁금해져. 한동안 보지 못하면 그리움에 안절부절못하게 된단다. 아이의 미세한 표정 변화도 잘 읽어낼 수 있지. 놀 때도 마찬가지야. 아이의 얼굴을 보고, 아이의 표정을 보면 아이의 마음과 관심을 읽을 수 있어. 연애가 그렇듯, 아이와의 놀이도 순수한 호기심과 관심에서 시작된단다. 아이와 잘 놀아주려면 먼저 사랑하는 아이에게 집중하고, 순수한 호기심과 애정 어린 눈으로 아이의 놀이를 보면 돼.

하지만 아무리 사랑하는 사람이라고 해도 항상 좋을 수는 없어. 싸울 때도 있고, 서운할 때도 있고, 화가 날 때도 있어. 아이들에 대한 사랑도 그렇단다. 네가 어렸을 때 일이야. 엄마가 모처럼 시간을 내서 너와 같이 놀려고 했는데, 너는 놀이터에서 친구들과 노느라 정신이 없었지. 엄마는 안중에도 없는 너의 모습에 조금 서운했단다. 엄마와 노는 것보다 혼자서 그림을 그리며 노는 것을 더 좋아하는 날도 있었지. 엄마는 언제나 네가 최고였는데, 너에게 엄마는 2등이나 3등으로 밀릴 때도 있었단다. 네 마음이 엄마 마음 같지 않아서 서운할 때면 엄마는 네 입장에서 생각해보려고 노력했어.

모든 인간관계가 그렇지만 아이를 키울 때도 문제가 생기면 항상 이심전심으로 생각해보렴. 상대방의 입장에서 생각하면 많은 것이 이해될 거야. 아이와 놀 때는 모든 마음을 담아 아이와 즐겁게 놀아주고, 아이가 원하지 않을 때는 또 아이의 입장에서 아이를 이해하면 모든 순간이 행복할 수 있을 거야.

놀이에 정답은 없다

너는 어렸을 때 인형놀이를 좋아했어. 그런데 사람 인형은 하나도 없었어. 강아지, 곰, 텔레토비, 물개 등 모두 동물이나 캐릭터 봉제 인형이었지. 너는 한 번도 사람 인형을 좋아한 적이 없어. 아주 어렸을 때는 사람 인형을 주면 겁에 질려 울기까지 했어. 엄마는 네가 예쁜 인형으로 소꿉장난도 하고 머리도 빗기고 옷도 입히면서 인형놀이를 하길 바랐는데, 너는 그렇지 않았지. 엄마는 여느 여자아이들과 다른 너의 놀이를 보면서 의아하기도 했어. 하지만 네가 좋아하는 게 최고라고 생각하면서 때때로 너의 놀이에 동참했단다. 그러면 너는 더욱 즐거워했지. 놀이에는 정답이 없어. 놀이에도 정답이 있다고 믿으면 아이의 놀이에 자꾸 간섭하고 따지게 된단다.

지상이는 어렸을 때 만들기 놀이를 정말 좋아했어. 플라스틱 스틱과 볼트, 너트로 구성된 만들기 세트가 있었는데 그것으로 집도 만들고 탈것도 만들었어. 어느 날은 헬리콥터를 만들었다며 보여주는데 아무리 봐도 그게 왜 헬리콥터인지 모르겠더라. 엄마가 보기에 그건 그냥 스틱 몇 개를 엉성하게 이어 만든 덩어리에 불과했거든. 하지만 자기가 만든 헬리콥터를 자랑스레 내미는 지상이의 눈빛을 보고 엄마는 그냥 "와, 헬리콥터 멋진데"라며 감탄해주었단다. 지상이가 헬리콥터를 만들면서 즐거웠으면 그것으로 충분하다고 생각했어. 지상이는 만들기를 하며 공간지각력, 기획력, 실행력, 집중력을 키우고, 게다가 완성된 작품 앞에서 자랑스러운 성취감까지 얻었을 거야. 여기서 뭘 더 바라겠니? 만약 결과물만 중요하게 생각해서 "이게 왜 헬리콥터야? 하나도 헬리콥터같이 생기지 않았는데"라고 했다면 지상이의 즐거움과 성취감은 반으로 줄었을 거야.

"짜장면 먹을래? 짬뽕 먹을래?"만큼 어려운 질문은 없어. 정답이 없으니까. 무엇을 선택하든 즐기면 그만이란다. 그날 짜장면이 마음에 들지 않았다면 다음에는 짬뽕을 먹으면 돼. 빡빡한 일정을 잡아 떠나는 여행도 재미있지만, 진정한 여유와 즐거움은 무계획에서 나온단다. 계획 없이 떠나는 여행에선 길 옆의 나무 한 그루, 꽃 한 포기도 제대로 감상하고 즐길 수 있어. 놀이도 마찬가지야. 무엇을 선택하든 즐기면 그것으로 충분하단다. 놀이를 망쳤다면 다음에 다시 하거나 다른 놀이를 하면 돼. 아이의 놀이에 정답은 없어. 놀이의 완성은 목표나 결과물이 아니라 과정에서 오는 즐거움에 있단다.

엄마의 욕심과 편견이 눈을 가린다

네 돌된 아이가 주차 놀이를 하고 있었어. 아기자기한 미니카들을 장난감 주차장에 차례대로 세우는 놀이였어. 엄마는 아이가 놀면서 수 개념을 익히기 바랐지. 아이가 차를 세울 때마다 엄마는 "한 대, 두 대, 세 대. 전부 차 세 대가 있네. 여기 두 대를 더 세우면 전부 몇 대니?" 하고 물었어. 처음에는 대답을 잘하던 아이가 엄마의 질문이 반복되자 점점 건성으로 대답하기 시작했어. 그럴수록 엄마는 더 열심히 아이의 관심을 끌어 바른 대답을 들으려고 했어. 차를 아이의 코앞에서 흔들며 아이의 관심을 유도했지. 그런데 엄마가 자꾸 끼어들어 방해하니까 아이는 점점 주차 놀이가 재미없어졌어. 그래서 주차 놀이를 그만두고 다른 쪽으로 가버렸지.

아이가 떠난 뒤 주차장 놀이 세트를 살펴보니 가지런히 세워둔 미니카들은 나름대로 질서가 있었어. 스포츠카는 3층에, 트럭 종류는 2층에 주차되어 있었어. 아이는 주차장 놀이를 하면서 차의 종류를 구별해 범주화하는 작업을 익히는 중이었던 거야. 그러나 아이에게 수 개념을 가르치려는 엄마의 욕심 때문에 아이의 이런 마음을 알아채지 못했지. 욕심이 앞서면 이렇게 보고 싶은 것만 보게 된단다. 심지어 아무것도 보지 못할 수도 있어. 엄마가 마음을 비운 순간, 비로소 아이의 마음을 읽을 수 있단다.

얼마 전 지하철에서 재미있는 광경을 봤어. 짧은 머리에 검은색 코트를 입은 30대 초반의 남자가 탔어. 별로 특별할 것 없는 평범한 인상이었는데, 반전은 그의 얼굴에 있었단다. 얼굴에 화장을 한 거야. 사람들은 안 보는 척하면서 힐끔힐끔 그 남자를 훔쳐봤어. 엄마도 자꾸 그 남자에게 눈이 갔지. 그런데 잠시 후 지하철에 다른 사람이 탔어. 임산부가 탔는데 손가락에 붕대를 감고 있었어. 배도 부르고 손도 불편해 보여서 누군가 자리를 양보해야 할 것 같은데 모두 화장한 남자에게 관심이 쏠려서 아무도 그 임산부는 신경을 쓰지 않았어. 그곳에서 누군가에게 관심을 기울여야 한다면 그 대상은 그 임산부가 아니었을까. 그러나 사람들은 자신의 편견 때문에 화장한 남자에게 온통 신경을 쓸 뿐이었지. 이렇듯 고정관념이나 편견은 우리의 눈을 가려 정작 봐야 할 것을 보지 못하게 한단다.

마찬가지로 고정관념이나 편견을 가지고 아이의 놀이를 보면 정작 봐야 할 것을 못 볼 때가 있어. 인형을 가지고 노는 남자아이가 있다고 해보자. 이럴 때 대부분의 부모는 매우 당황한단다. 남자아이는 차나 로봇을 갖고 놀아야 한다는 고정관념이 머릿속에 자리잡고 있기 때문이지. 인형놀이를 하면서 아이가 얼마나 재미있게 노는지, 얼마나 멋진 이야기를 만들어내는지, 인형들에게 얼마나 특별한 옷을 입혀 예쁘게 꾸미는지에는 별 관심이 없어. 마치 그 아이의 성 정체성에 문제라도 생긴 것처럼 당황하고 걱정하지. 그러나 누가 알겠니? 그 아이가 커서 훌륭한 극작가가 되거나 패션계의 살아 있는 전설이 될지.

엄마의 고정관념과 편견은 아이가 소질을 키우며 즐겁게 노는 것을 막을 수도 있단다. 욕심은 내려놓고 마음을 열고 아이가 노는 모습을 보렴. 아이의 소질과 개성을 찾는 게 훨씬 쉬워질 거야.

안전선을 정하고 나머지는 아이에게 맡기자

아이들에게도 사생활이 있단다. 아이들에게 사생활이란 독립을 위한 준비 같은 거야. 사생활이 있어야 혼자 결정하고 책임지는 연습을 할 수 있어. 아이들은 부모의 간섭 없이 돈을 어떻게 쓸지, 누구와 같이 놀지, 시간을 어떻게 보낼지 결정해봐야 해. 좋은 결정에 만족하고 나쁜 결정에 후회하고 책임과 보상을 치러봐야 하지. 아이들은 이렇게 좌충우돌, 시행착오를 겪으면서 점차 성장해간단다. 그렇다고 해서 채팅 사이트에서 알게 된 낯선 사람 만나기, 불법 스포츠 도박 사이트에 접속하기, 아이들끼리 모여 술 마시기 같은 위험한 행동들까지 사생활로 인정해서는 안 돼. 시행착오라고 보기에는 대가가 너무 크거나 위험한 행동들이거든. 그러니까 선이 있어야 해. 엄마는 이것을 사생활 안전선이라고 부른단다.

아이가 자신만의 비밀을 유지하고 자율적으로 결정해도 좋은 것들. 이런 것들은 사생활 안전선 안의 일들이야. 위험한 것은 안전선 밖의 일들이지. 안전선 밖의 일들은 부모와 공유하도록 해야 해. 안전선 안이 너무 좁으면 아이가 스스로 결정할 여지가 적어서 아이의 자율성과 독립성을 해칠 수 있어. 반대로 안전선이 너무 넓어서 모든 것을 스스로 알아서 결정하도록 하면 아이가 감당하지 못할 위험에 처할 수도 있어. 무엇이든 그렇지만 적절한 균형이 중요하단다.

곧 초등학교에 입학할 아이를 키우던 엄마의 지인은 도시에 있는 학교들을 싫어했어. 그러다 마음에 드는 서울 근교의 초등학교를 찾았지. 한 학년이 스무 명 남짓한 아주 작은 학교였어. 자연을 벗 삼아 마음껏 뛰어놀 수 있는 그런 학교였지. 지인은 그 학교 바로 앞으로 이사를 갔고, 이듬해 아이를 입학시켰어. 예상한 대로 학교에서 아이는 공부보다는 놀이 위주로 시간을 보냈어. 아이는 들로 산으로 다니며 노는 듯 공부했어. 여기까지는 좋았는데, 점차 시간이 지나면서 문제가 발생했어. 선생님이 아이들의 생활에 지나치게 관여하지 않다 보니 자연스레 아이들 사이에 서열이 생긴 거야. 마치 《우리들의 일그러진 영웅》 속 교실 같은 모습이 벌어진 거지.

마음껏 놀게 하는 것과 방관에는 커다란 차이가 있단다. 학교에서 배우는 게 단지 공부뿐만은 아니야. 배려, 공평함, 인내, 양보 등 사회생활을 위해 필요한 다양한 미덕을 배우지. 어른이 적극적으로 개입하지 않고 방관하면 아이들은 이런 미덕들을 배우기 어렵단다. 이런 것도 안전선에 해당돼. 안전선을 그어놓고 그 안에서 실컷 놀도록 해야 해. 안전선마저 없이 모든 것을 아이들에게 맡기는 것은 방관이야. 나중에 들으니 지인은 결국 규율이 있는 조금 더 큰 학교로 아이를 전학시켰다고 하더라.

부모들이 적절한 규율을 만들어주고 아이들이 그 선 안에서 자유롭게 노는 것이 좋아. 놀이는 안전선 안에서 자율성을 익힐 수 있는 좋은 수단이란다. 부모는 아이에게 놀이에 관한 안전선을 정해줘야 해. 아무리 놀이가 재미있어도 밤 10시에는 잠자리에 들어야 한다, 깨지기 쉬운 물건을 가지고 놀면 안 된다 등 놀이에 관한 크고 작은 규칙들을 일러줘. 아이들은 이 규칙들을 지키면서 허용되는 범위 안에서 마음껏 놀며 자율성을 키워나간단다.

안전선은 나이에 따라 달라져. 아이가 걸음마를 하기 전까지 안전선은 말 그대로 안전선이야. 아이의 손이 닿는 곳은 모두 안전선 안이 되는 거지. 위험한 것들은 모두 안전선 밖에 두어야 해. 칼같이 날카로운 물건, 유리같이 깨지기 쉬운 것, 망가트려버리기엔 비싼 물건들, 건드리면 화상을 입을 수 있는 뜨거운 주방기기 등 아이가 만졌다가 다칠 수도 있는 것들은 모두 아이의 손이 닿지 않는 안전선 밖에 두어야 해. 그래도 혹시 아이가 그런 물건을 만질 수 있으니 평소에 그런 물건들이 위험하다는 것을 알려줘야겠지. 예를 들어, 아이가 보는 앞에서 엄마가 만지는 척하면서 "아야" 하고 고통스러운 표정을 지어 보이면 아이는 그것이 위험한 것이라는 것을 알게 돼. 말이 통할 때쯤이 되면 안전하게 노는 규칙에 대해 잘 설명해줘야 해.

오늘의 네가
너무 그리울 거야

얼마 전, 주말에 모처럼 지상이랑 너와 나들이를 나갔어. 명동에 가서 칼국수와 초콜릿 빙수를 먹고 쇼핑을 하며 폭풍 수다를 떨었지. 너희들이 즐거워하는 모습을 보면서 나는 다른 일을 미뤄두고 함께하길 잘했다고 생각하며 뿌듯해했지. 그런데 반전이 있었어. 집에 거의 도착했을 때, 지상이가 말했어. "엄마, 이제 이만큼 놀아줬으면 됐지?" 그리고 너희들은 각자 친구들을 만나러 나갔단다. 이게 뭐지? 잠시 어안이 벙벙했던 나는 곧 깨달았어. 나는 내가 너희들과 놀아줬다고 생각했는데 사실은 너희들이 나와 놀아줬던 거야. 어느 틈엔가 너희들은 더 이상 아이가 아닌 어른이 되어 있었던 거지.

중국 사람들은 아이 옷에 돈을 안 쓴다더라. 아이가 금방 자라서 입힐 수 없게 되기 때문에 아이 옷에 돈을 쓰는 것은 낭비라고 생각한대. 아기일 때 지상이는 정말 쑥쑥 자랐어. 선물로 받은 새 옷이든, 물려 입힌 낡은 옷이든 오래지 않아 작아져서 못 입기는 마찬가지였지. 맞아, 금방 자라서 못 입을 옷인데 아이 옷 사는 데 돈 쓰는 것은 낭비야. 그래서 나는 지상이가 어렸을 때 새 옷을 사주느라 돈을 쓴 일이 거의 없었단다.

지상이가 초등학교 입학을 앞두고 있을 때였어. 학회에 참석하느라 갔던 파리에서 아이 옷가게 옆을 지나치게 되었단다. 쇼윈도에 걸린 옷이 너무 예뻐서 들어가 보지 않을 수 없었어. 가게에 들어가 보니 예쁜 아기 옷이 많아서 빨리 나올 수가 없었어. 그런데 예쁜 옷들이 모두 신생아와 걸음마를 막 뗄 정도의 아이에게 맞는 옷이었어. 지상이 나이에 맞는 옷들은 이미 구르고 뒹굴어도 해지지 않을, 때깔보다는 실용성에 중점을 둔 옷들이었어. 그때 뭐랄까, 뭐라고 표현할 수 없는 아쉬움이 느껴졌어. 뭐든지 때가 있구나. 이제 예쁜 옷을 입기에는 지상이가 너무 커버렸구나. 다시는 돌아오지 않는 인생의 한때가 있다는 것이 새삼 아리게 다가왔단다.

예쁜 옷보다 더 소중한 것이 있지. 바로 아이들과의 놀이란다. 아이와 놀아줄 수 있는 것도 한때야. 오래지 않아 아이들은 자기 방에 들어가 나오지 않게 되고, 말을 걸려면 먼저 아이의 눈치를 살펴야 할 때가 온단다. 아이들과 놀아줄 수 있을 때 맘껏 놀아주렴. 엉덩이를 실룩이며 달아나고, 변기 물에 손을 넣고는 행복한 얼굴로 휘젓고, 똥 이야기에 까르륵거리던 그 순간이 더 이상 볼 수 없는 날이 곧 온단다.

공부도 한때, 노는 것도 한때이듯 아이와 놀아주는 것도 한때야. 오늘의 네 아이는 다시 볼 수 없어. 다시 못 볼 오늘의 네 아이, 지금 이 순간이 너무 소중하지 않니? 오늘이 마지막이라 생각하며 아이와 놀아줘. 다른 생각 없이 아이에게 집중하게 되고 아이와의 놀이가 한없이 행복해질 거야.

아이의 잠재력은 기다려야 나온다

놀이실에서 아이와 엄마를 관찰하다 보면 아이를 믿지 못해서 자꾸 간섭하는 엄마들을 보게 된단다. 얼마 전에 놀이실에서 만난 엄마 이야기를 해줄게. 아이가 놀이실에서 변신 로봇을 가지고 놀았어. 로봇을 자동차로 만드는 중이었지. 로봇의 머리를 구부려 어깨 사이에 집어넣어야 하는데 잘 구부려지지 않았어. 옆에서 지켜보던 아이의 엄마가 얼른 로봇의 머리를 구부려 차로 변신시키는 것을 도와주었어. 엄마는 아이가 조금만 난관에 봉착해도 얼른 나서서 해결해주었어. 그런데 아이는 그것을 그다지 고마워하는 것 같지 않았어. 오히려 자꾸 간섭하는 엄마를 성가시게 느끼는 것 같았어. 놀이가 끝난 뒤 아이의 엄마에게 물었단다. "왜 그렇게 열심히 아이를 도와주셨어요?" 엄마는 놀란 얼굴로 반문하더라. "아이 혼자서는 못하니 당연히 그래야 하는 것 아닌가요?" 그 엄마는 아이가 미덥지 못했던 거야. 엄마의 도움이 있어야 뭔가를 할 수 있다고 생각했던 거지.

엄마가 아이를 믿지 못하면 아이에게 자꾸 간섭하게 된단다.

아이가 혼자서 밥을 못 먹을 거라고 생각하면 자꾸 떠먹여주게 되고, 신발을 신지 못할 거라고 생각하면 신발을 신겨주게 되지. 아이가 스스로 놀지 못한다고 생각하면 놀이에 자꾸 끼어들어 간섭하게 돼. 엄마는 도움을 주는 거라고 생각하지만 그것도 일종의 간섭이란다. 아이는 부모가 생각하는 것 이상으로 능력이 있단다. 아이를 믿고 질문과 간섭을 하지 않고 참고 기다려보렴. 아이의 잠재력은 기다려야 발휘된단다.

때로는 기다려도 아이가 스스로 문제 상황을 해결하지 못해서 결국 도와줘야 할 때도 있어. 놀이에 끼어드는 게 아이에게 도움이 될지, 아니면 지나친 간섭으로 아이의 놀이를 방해하는 건 아닌지 헷갈릴 때가 있단다. 그럴 땐 아이가 놀이에 집중하는 시간을 확인해보렴.

다 아는 이야기를 장황하게 하는 사람은 재미없지. 반대로 너무 생소한 이야기를 하는 사람도 지루하긴 마찬가지야. 서로 알고 있는 내용이지만 조금 새롭고 색다른 이야기가 더해질 때 가장 맛깔스러운 대화가 오가. 대화가 재미있어야 더 오래 이야기하고 싶어지잖니. 놀이도 그래. 엄마가 잘 놀아주면 아이는 더 오래 엄마와 같이 놀고 싶어 하게 마련이야. 네가 네 아이와 잘 놀아주고 있는지 궁금하다면 아이 혼자 놀 때와 네가 같이 놀아줄 때의 아이 모습을 비교해보고 시간을 체크해보렴. 네가 잘 도와주고 있다면 아이는 새로운 놀이에 몰입하면서 조금 더 오래 집중해서 놀 수 있을 거야.

미니카를 앞뒤로 굴리면서 놀던 아이에게 미니카를 경사면에서 굴려서 노는 방법을 보여주었어. 아이는 곧 흥미를 보이며 경사면에서 미니카를 굴리며 더 오래 놀았어. 아이 혼자서 놀 때는 3분밖에 하지 않았던 놀이를 엄마가 같이 해주니 더 즐겁게 10분을 했어. 이럴 때 엄마는 간섭이 아니라 적절한 도움을 주고 있는 거란다.

그 누구도 아닌 바로 너를, 네 모습을 사랑해

영지는 머리도 좋은 편이고 발달 상황도 전반적으로 괜찮았어. 그렇지만 심리 상태는 불안하고 위축되어 있었지. "영지는 자신이 가지고 있는 능력에 비해 자신감이 없어요. 기가 많이 죽어 있어요." 내 설명에 영지 엄마는 자신이 야단을 많이 치는 편이라 그런 것 같다고 했어. "그럼 칭찬해서 기를 좀 살려주세요." 영지 엄마는 알겠다고 하고 집으로 돌아갔어. 일주일 후 다시 만난 영지 엄마에게 물었어. "칭찬을 좀 해주셨나요?" 영지 엄마는 한숨을 푹 쉬더니 "아무리 봐도 칭찬할 게 없어요. 칭찬할 게 있어야 칭찬을 하지요"라고 대답했어.

너희들이 어렸을 때 엄마는 많이 바빴단다. 병원 일에 치여

정신없이 하루를 보내고 늦게 집에 들어오면 어린 지상이와 네가 반갑고 예쁜 것도 잠시일 뿐, 잠에 곯아떨어지곤 했어. 내 마음이 바빠서 늘 서둘러 입히고 재우고 먹였어. 어떤 날은 빨리 먹으라고 재촉하다가 아기 지상이를 울린 적도 있단다. 그렇게 부족한 엄마였지만 아기 지상이와 아기 지영이는 한결같이 엄마를 반겼고 사랑해줬어. 너희들이 나를 사랑한 이유가 내가 훌륭해서일까? 천만에. 내가 너희들의 엄마였기 때문에 너희들은 무조건 나를 사랑했던 거야. 아이들이 조건 없이 엄마를 사랑하고 따르듯이 엄마도 무조건 아이들이 사랑스러워야지. 칭찬할 거리가 있어야 칭찬하다니? 아이들은 그냥 숨만 쉬어도, 그냥 거기 있기만 해도 충분히 사랑스러운 존재야.

칭찬할 거리가 있어서 칭찬하는 것은 누구나 할 수 있는 일이야. 사랑할 이유가 있어서 사랑하는 것도 누구나 할 수 있는 일이지. 아무 이유가 없어도 그냥 아이가 존재하는 것만으로도 사랑하는 것, 그것이 엄마의 사랑이야. 아무 이유 없이 사랑받는 것, 그것 역시 엄마이기에 가능한 거고.

아이의 기를 살려주고 싶다면 조건을 달지 말고 그냥 사랑하면 돼. 너는 숨만 쉬어도 예뻐. 그냥 거기 있는 것만으로도 좋아. 네가 내 딸이라서, 혹은 아들이라서 엄마는 너무 좋아. 그걸로 충분해.

자고 있는 아이는 정말 예쁘단다. 그 순간 엄마는 욕심이 없어. 더 가르쳐야 할 것도, 더 먹여야 할 것도, 빨리 아이를 재우고 해야 할 밀린 일도 없기에 아무런 사심 없이 아이를 보게 돼. 자고 있는 아이를 보듯 아이가 노는 것을 지켜보렴. 아무런 사심 없이 그저 사랑을 담아서. 문득 엄마를 쳐다보는 아이에게 한마디면 충분해. 너무 예쁘게 잘 노네. 우리 아가. 기특해. 잘하고 있단다.

자기 아이를 사랑하지 않는 부모가 있을까? 단지 다른 것들에 가려 사랑을 느낄 여유가 없을 뿐이야. 사랑을 담은 눈길, 사랑을 표현하는 몇 마디 말이면 돼. 손으로 잡을 수 없지만 분명히 존재하는 햇빛처럼 사랑은 아이의 기를 살려준단다. 찬찬히 걸으며 꽃을 보듯, 놀고 있는 아이를 지켜보렴. 사랑을 담은 그 눈빛이 햇살이 되어 네 아이의 기를 살릴 거야.

너무 칭찬만 하면 버릇없는 아이가 되는 것 아니냐고? 그래, 무엇이든 균형이 중요하지. 잘못한 것은 혼내서 바로잡아줘야 해. 그렇지만 혼내는 것이 기를 죽이려는 것이 아니라 아이를 가르치기 위한 것이라는 걸 잊으면 안 돼. "하지 마라, 왜 그랬니?" 소리 지르고 아이를 다그치는 것은 아이의 기를 죽이는 행동이야. 정말 잘 가르치고 싶다면 "이렇게 해보렴" 혹은 "이렇게 하면 더 잘할 수 있을 거 같아"처럼 아이에게 구체적으로 방법을 제시해야 돼. 아니면 네가 걱정하는 것을 말해서 아이의 행동을 바꿀 수도 있단다. 예를 들어, 아이가 욕을 할 때는 "네가 욕을 하면 남들이 너를 버릇없는 아이로 오해할까 봐 엄마는 걱정돼." 이렇게 말하면 아이는 엄마가 자신을 예의 바른 아이로 인정한다는 것을 알고 으쓱해할 거야. 그러면서 그에 걸맞게 행동하고 싶어질 거야.

혼을 낼 때도 아이의 장점을 인정해야 해. 바꿔야 할 행동만 꼭 집어서 지적하되 하지 말라는 말로 끝내면 안 되고 어떻게 하라고 알려줘. 때로는 진심 어린 마음을 전달하고, 혼내되 아이의 기를 죽이지는 않는 그런 현명한 엄마가 되었으면 좋겠다.

자라는 아이, 놀이도 자란다

어느 날인가 네 방을 정리하다가 네가 어렸을 때 입던 옷을 발견했어. 다음 철에 입히려고 모아두었는데 입히려니까 너무 작아져서 못 입게 된 옷들이었어. 버리자니 아까워서 그냥 뒀던 옷들을 한참 뒤에 발견한 거지. 그 옷들을 보는데 얼마나 작은지. 이렇게 작은 옷들이 맞았다니 싶더라. 네가 얼마나 컸는지 새삼 느껴지는데 그게 참 알싸해서 코끝이 찡해졌어. 어렸던 너를 다시 보고 싶기도 하고 말이야.

생각해보면 너는 몸만 큰 게 아니야. 노는 것도 많이 변했지. 어렸을 때 너는 엄마 무릎에 앉아 까꿍놀이를 하는 것을 좋아했어. 조금 더 크자 늘 봉제 인형을 가지고 다녔고. 내가 책을 읽어 주거나 옛날 이야기를 해주면 좋아했지. 지상이는 아기였을 때부터 움직이는 것을 좋아했어. 놀이터에 데리고 나가면 미끄럼틀이건 시소건 보이는 데는 다 올라가서 타려고 했지. 집에 있으면 소파 위든 침대 위든 가리지 않고 다 기어오르며 놀았어. 어디서 그런 기운이 나오는지 잠시도 가만히 안 있고 돌아다니던 아이가 조금 더 크니 만들기에 꽂혀서 어디를 가건 조립하며 놀더라.

지영이 너는 잠들기 전에 머리맡의 인형들을 정리하곤 했어. 때로는 그 과정이 30분이 넘게 걸리기도 했어. 언제까지 이렇게 인형을 정리할까 싶었는데 어느 날인가부터 잠자는 데 인형 정리를 하지 않았어.

가끔 아이들이 한 가지 장난감만 가지고 논다고 걱정하는 엄마들이 있어. 우리 애는 차만 가지고 놀아요. 그러면서 다른 것을 가지고 놀게 하려는데 차를 다 갖다 버려야 하냐고 묻는 엄마들도 있지. 그런 질문을 받으면 그러지 말라고 해. 그냥 놀게 놔둬야 해. 아이들의 놀이는 변하거든. 질릴 정도로 실컷 놀고 나면 말려도 결국 다른 것을 가지고 논단다. 그럴 때는 새로운 놀이를 보여주렴. 새로운 놀이에 관심이 없다면 강요하지 마. 그냥 새로운 놀이를 접할 기회만 주면 돼.

아이의 놀이가 변하는 것은 아이가 크는 역사와 같아. 아이가 어떻게 커왔는지 알고 싶다면 놀이 기록장을 만드는 것도 좋은 방법이야. 아이가 무엇을 가지고 어떻게 놀았는지 쓰는 거야. 사진을 같이 찍어두면 좋겠지. 강아지 인형을 아이에게 주면 아주 어렸을 때는 입으로 물고 빨고 해. 조금 더 크면 멍멍하면서 강아지 흉내를 내고, 더 크면 강아지 인형에게 먹이를 주고 산책을 시키면서 논단다. 이처럼 아이의 발달 정도에 따라 자연스럽게 놀이가 변한단다.

현명한 엄마로 거듭나는 육아 TIP

지금 이 시간은 다시 돌아오지 않습니다. 아이와 충분히 놀아주세요.
시간이 흐르면 아이와 엄마 모두에게 추억이 됩니다.

아이랑 계속 놀다 보면 엄마에게 답답함이 찾아올 때가 있습니다.
아이의 시선에 맞춰 노는 것이 엄마에게는 즐거운 일만은 아닙니다.
때로는 아이에게 혼자 놀라고 하고 싶기도 하고,
좀 더 유익하게 노는 방법을 알려주고 싶기도 합니다.
그러나 놀이에는 올바른 정답이 없습니다.
안전하다면 한 발짝 떨어져서 아이가 하자는 대로 따라주세요.
아이의 잠재력은 기다림에서 나옵니다.
아이는 놀이를 통해 스스로 성장하는 중입니다.
때로는 지루해도 아이와 노는 이 시간이
다시 돌아오지 않을 소중한 보물이라는 것을 잊지 마세요.

4장

현명한 엄마는 영리하게 놀아준다

현명한 엄마는
아이가 놀면서 성장하게 한답니다.

놀이의 규칙

...

화가 난다고 사람을 때리면 안 된다

아이들은 놀다가 사람을 때리는 경우가 흔히 있어. 그럴 때는 아이들이 왜 사람을 때리는지 이유를 알아내고 더 못 때리게 해야 돼. 어린아이들이 사람을 때리는 가장 큰 이유는 화가 나는데 아직 말로 화를 표현하지 못하기 때문이란다. 갖고 싶은 것을 못 갖고, 하고 싶은 것을 못하게 하니까 화가 나는데 그것을 말로 표현하지는 못하겠고 그러니 주먹이 나가는 거지. 원하는 것을 얻기 위한 행동일 수도 있어. 예를 들어, 자기가 가지고 싶은 장난감을 다른 아이가 가지고 있을 때 때려서라도 빼앗으려는 거지. 또 다른 이유는 자신이 사람을 때리면 맞은 사람이 아프거나 다칠 수 있다는, 즉 행동의 결과를 미리 예측하는 능력이 없기 때문이야. 다친 사람이 아프다는 것에 공감하는 인지적인 공감능력에 한계가 있기 때문에 사람을 때리는 거지.

아이가 놀다가 다른 사람을 때렸을 때 그냥 두면 안 돼. 때려서 갖고 싶은 물건을 빼앗았는데 아무도 혼내는 사람이 없으면 아이는 다음에도 사람을 때릴 거야. 때리는 것이 문제를 해결하는 좋은 방법이라고 학습해서 다음에도 원하는 것을 얻기 위해 사람을 때리는 거지. 그런데 그러다가 상대방은 물론 아이도 다칠 수 있어. 만약 놀다가 누군가를 때려서 다친다면 그 자체도 큰일이지만 아이가 움츠러들어 마음껏 놀지 못하게 될 수도 있어. 때리면 안 된다는 것을 가르쳐야 해. 그래야 아이가 마음껏 놀 수 있단다.

말을 능숙하게 하지 못하는 아이에게 사람을 때리면 안 된다는 것을 가르치는 몇 가지 방법이 있어. 장난감이나 엄마 손으로 엄마를 때리는 흉내를 내면서 "아야" 하고 아픈 척하는 거야. 이렇게 하면 아이는 때리는 행동이 누군가를 아프게 할 수 있다는 것을 배우게 되지. 행동의 결과를 예측하게 하고, 인지적인 공감능력을 키우는 거야. 그리고 아이에게 "다른 사람이 때리면 네 기분은 어때?"라고 물어보는 거야. 이렇게 해서 이심전심,

역지사지, 다른 사람의 입장을 이해하는 공감능력을 키워주는 거지.

인형을 가지고 역할극을 하면서 안 된다는 것을 가르칠 수도 있어. 인형을 때리면서 인형이 "아야" 하는 흉내를 내거나 곰 인형이 강아지 인형을 때리는 흉내를 내며 곰 인형을 두고 "좋은 곰이야 나쁜 곰이야?" 하고 아이에게 물어보는 거야. 역할극을 하면서 "때리면 아파요" "때리면 나빠요" "때리면 안 돼요" 이런 말을 반복해주는 것도 좋아. 말을 잘하는 아이라면 좀 더 길게 설명해주는 것도 괜찮겠지. "때리면 안 돼. 누군가 다치면 안 되잖아. 너는 착한 아이니까 누군가 다쳐서 아프면 너도 마음이 아프지 않을까?" 혹은 "누군가 다치면 너도 많이 혼이 나서 속상할 거야"라고 말할 수도 있어. 이렇게 때리면 안 된다는 것과 그 이유를 이야기해주렴.

아이는 놀면서 화풀이하고 공격성을 분출해. 그러면서 스트레스를 풀지. 공격성을 자제하고 규칙을 지키는 것도 아이들이 놀이를 통해 배워야 할 중요한 것 가운데 하나란다. 아이가 놀 때 꼭 지켜야 할 가장 중요한 규칙은 사람을 때려서는 안 된다는 거야. 사람을 때리면 안 된다는 규칙을 네 아이의 발달 연령에 맞춰서 잘 가르치기 바란다.

화내기의 규칙을 정해줘라

아이를 키우다 보면 아이가 물건을 던져 당혹스러운 경우가 있어. 아이들은 아직 말을 잘하지 못하기 때문에 감정을 행동으로 표현하는 경우가 많아. 너무 좋아도 던지고, 너무 화가 나도 던지지. 게다가 아이들은 자기가 하는 행동의 결과를 예측하지 못한단다. 장난감을 던지면 장난감이 부서지고 누군가 다칠 수 있다는 것을 몰라. 설사 한번 혼나서 안다고 하더라도 그 순간의 충동을 참을 만큼 참을성이 큰 게 아니라서 또 다시 던지기도 해. 때로는 심심해서 던지기도 한단다. 심심하다는 것의 다른 말은 외로움 아니겠니? 엄마의 관심을 받고 싶어서 장난감을 던지는 경우도 있어.

아이가 물건을 던지면 물건이 망가질 수도 있고 사람이 다칠 수도 있지. 관심받고 싶어서 물건을 던졌는데 그럴 때마다 엄마가 야단을 친다면 좋은 관심은 아니지만 어찌 됐든 관심을 받는데 성공했다고 느껴서 다음에도 외롭거나 엄마의 관심을 받고 싶으면 물건을 던지게 되는 거야. 물건을 던져서 문제를 해결할 수 있다는 것을 배우는 거지. 말보다 행동이 효과적이라는 것을 배우게 되는 거야. 이럴 때 던지는 것을 그냥 두면 아이는 바람직하지 않은 방법으로 관심을 받고 원하는 것을 얻을 수 있다고 생각하게 되니 물건을 함부로 던지지 못하게 가르쳐야 한단다.

물건을 던지는 대신 말로 표현하도록 가르쳐야 해. 아이가 화가 났을 때 먼저 "○○이가 화났구나" 하고 말로 아이의 감정에 공감해줘. 다음에는 화가 났을 때 말로 표현하는 방법을 아이의 언어 수준에 따라 알려줘. 이제 갓 말을 배우기 시작한 아이라면 화가 났을 때 던지지 말고 "아니" "싫어" 같은 간단한 말로 표현하라고 알려줘. 간혹 아이가 이런 부정적인 말을 하면 당황하는 엄마들이 있는데, 바로 행동으로 옮기는 것보다 말로 화를 표현하는 게 훨씬 더 건강한 방법이란다. 혼을 내도 그때뿐, 또 던진다고 너무 화를 낸다거나 혼을 낼 필요는 없어. 여러 번 반복해서 가르치는 것은 당연한 과정이라고 생각하렴. 작심삼일이라는 말처럼 어른도 한 번 결심한다고 결심한 대로 다 하는 것은 아니잖니? 굳은 결심을 하고 다이어트를 시작했지만 삼겹살이나 치킨 혹은 맛있는 케이크 앞에서 무너지는 어른을 생각해보렴. 아이도 굳게 결심했지만 충동 앞에서 못 참고 또 던질 수도 있어. 그때마다 가르치고 또 가르치면 어느 틈엔가 아이도 바뀐단다. 참을성 있게 반복해서 가르치는 것도 좋은 부모의 역할 가운데 하나야.

말만으로 화가 안 풀리는 아이들은 무조건 못 던지게 하면 벽이나 바닥에 머리를 박거나 다른 공격적이고 위험한 행동을 할 수도 있어. 그러니 꼭 물건을 던져야 화가 풀리는 아이라면 던지는 규칙을 미리 정해서 연습시키는 것이 도움이 된단다. 부드러운 베개나 봉제 인형 등 던져도 다치거나 부서지지 않는 것들을 미리 정해주는 거야. 침대나 소파 등 아무리 던져도 망가지거나 다칠 위험이 없는 장소를 미리 정해줘. 아무리 화가 나도 던질 수 있도록 미리 정해진 물건을 찾아 정해진 장소로 향하는 동안, 아이는 어느 정도 화를 자제하는 연습을 할 수 있단다. 이런 식으로 화풀이 방법에 대해 아이와 함께 이야기해보렴.

걸음마를 시작할 정도의 어린아이라면 먼저 "○○이가 화났구나" 하고 감정을 읽어주고, "화가 나도 아무거나 막 던지면 안 돼. 화가 나면 (봉제 인형 등을 주면서) 이거 여기에 (소파 등) 던지는 거야" 하고 구체적인 화풀이 방법을 알려주는 거지. 조금 더 크면 화를 조절해야 하는 이유를 같이 설명해줘. 네가 길을 가는데 어떤 사람이 화가 난다고 강아지를 막 때리고 있어. 너는 그 사람이 어떻게 보일까? 좋아 보이지 않겠지? 누구나 화날 때가 있어. 엄마도 화날 때가 있어. 화를 내는 것은 괜찮아. 화가 날 때 어떻게 하는가가 중요해. 다른 사람들에게 피해가 가지 않는 선에서 건강한 방법으로 화를 푸는 방법을 알려줘야 해. 아무리 화가 나도 지켜야 될 선이 있음을 이해시키고 건강하게 감정을 방출하는 방법을 알려주는 거지. 이는 나중에 성인이 되어서도 많은 영향을 미친단다. 엄마가 아이들에게 가르쳐줘야 할 기본적인 것은 학문적인 지식이 아니야. 감정을 올바르게 다스리고 건강한 마음으로 살아갈 수 있는 힘, 이런 것은 어디에서도 가르쳐주지 않아. 어렸을 때 배운 것을 토대로 어른으로 성장해나가는 거야. 감정 조절이 인생을 살아가는 데 얼마나 중요한지는 굳이 말하지 않아도 잘 알 거야.

싸우면 같이 놀 수 없다

형제, 자매, 남매와 놀면서 싸우는 것은 흔한 일이야. 싸우는 이유는 여러 가지란다. 첫 번째는 욕심 때문이지. 장난감 하나를 두고 싸우고, 서로 좋은 역할을 하겠다고 싸워. 누구나 가지고 싶은 것, 하고 싶은 것이 많지. 하지만 항상 모든 것을 다 가지고 다 할 수 있는 것은 아니잖니? 때로는 갖고 싶어도, 하고 싶어도 참아야 하는데 아이들은 아직 참을성이 없단다.

두 번째는 억울함 때문이야. 동생이 혹은 형이나 누나가 자신보다 더 큰 관심과 사랑을 받는다고 느끼면 억울함을 느끼게 마련이야. 형에게 "너는 형이니까 양보해라"라고 말하면 형은 당장은 양보할지 모르지만 마음속에는 억울함이 쌓일 수밖에 없어. 이렇게 쌓였던 억울함은 동생과 함께 놀 때 분출되지. 평소에 쌓아두었던 분노가 한꺼번에 폭발하는 거야. 별것 아닌 일에 화를 내니까 엄마는 또 형을 혼내고, 형은 동생 때문에 혼났다는 생각에 억울함이 더 쌓여서 다음번에는 엄마가 없을 때 동생을 더 괴롭히게 된단다. 한마디로 악순환이지.

세 번째는 문제를 해결하는 방법을 몰라서 싸울 수도 있어. 장난감은 하나인데 형과 동생 모두 그 장난감을 갖고 싶어 할 때, 평화롭게 협상하는 방법을 모르면 힘으로 차지하려고 싸움을 벌인단다.

대부분의 아이가 잘 놀다가도 싸우고 싸운 후에도 곧 언제 그랬냐는 듯이 다시 잘 놀아. 그러나 도가 지나치게 싸울 수도 있으니 미리 규칙을 정해주는 것이 좋아. 싸우면 같이 놀 수 없다고 알려주고, 놀다가 싸우면 각자 미리 약속된 공간에서 놀도록 격리시켜. 두 아이 모두 감정적으로 흥분한 상태라면 일단 둘을 떼어놓아야 해. 큰애는 큰애 방에, 작은애는 작은애 방에 들어가서 각자 놀도록 하는 거지. 만약 각자의 방이 없다면 거실이나 안방 등 미리 떼어놓을 장소를 정해두면 돼. 한 애가 있는 곳은 장난감이 많은데 다른 아이가 있을 곳은 침대와 옷장밖에 없어서 놀 것이 없다면 불공평하다고 여길 수도 있어. 따로 떼어놓을 때 주의해야 할 것은 두 아이가 있을 곳이 비슷하게 심심해야 한다는 거야. 따로 떼어놓는 이유는 감정을 식힐 시간을 주는 것과 동시에 따로 있으면 심심하다는 것을 알게 하기 위해서지. 싸우면 심심해진다는 것을 알고 나면 다음에는 되도록 안 싸우려고 노력하거든.

큰애 작은애 모두 네가 공평하게 사랑한다는 것을 느끼도록 해줘. 갓난쟁이 동생이 태어나면 큰애는 자신이 소외될까 봐, 자신이 받던 사랑을 동생이 모두 가져갈까 봐 불안과 질투를 느끼게 돼. 이럴 때는 "네가 아기였을 때도 엄마가 이렇게 기저귀를 갈아주고 우유를 먹여줬어. 네가 아기였을 때는 엄마에게 아이가 너 하나였으니 엄마가 너만 더 열심히 사랑해줬지"라고 말해서 큰애를 안심시켜줘. 먹을 것이 있으면 큰애에게 줘서 동생에게 나눠주라고 하고, 둘이 잘 놀고 있을 때는 형이 동생을 잘 데리고 노는구나 하고 칭찬하면 형은 동생을 챙기는 것을 기쁘고 자랑스럽게 여기게 된단다.

문제가 생겼을 때, 형제가 싸우지 않고 사이좋게 노는 방법을 알려주는 것도 중요해. 장난감이 하나 있을 때, 이번에는 큰애가 다음에는 작은애가 가지고 놀도록 노는 시간과 순번을 정해주렴. 서로 자기가 엄마를 하겠다고 소꿉장난을 하며 싸울 수도 있어. 역할놀이를 하며 싸울 때도 순번을 정해 돌아가면서 역할을 맡도록 하면 돼. 엄마가 싸우지 말라고 무작정 소리를 지르는 것은 아무런 도움도 되지 않는단다. 엄마가 직접 나서서 알려주면 아이들은 점차 싸우지 않고 사이좋게 노는 방법을 배우게 될 거야. 싸울 때만 관심을 주거나 개입하지 말고, 잘 놀 때 수시로 칭찬해주는 것이 좋아. 그러면 아이들은 다음에도 칭찬받고 싶어서 싸우지 않으려고 노력할 거야.

동생이 소중하게 여기는 장난감을 망가트리면 형은 당연히 화가 날 거야. 그런데도 형이니까 무조건 참으라고 하면 형은 동생이 밉다고 느낄 수밖에 없어. 문제가 생기기에 앞서 예방하고 문제가 생긴 다음에는 해결하는 방법을 알려주렴. 큰애에게 소중한 물건은 동생 손이 닿지 않는 곳에 잘 보관하라고 알려주는 거야. 이렇게 하면 큰애는 물건을 잘 보관하는 습관을 익힐 수 있고, 동생의 손이 닿지 않는 곳을 생각하면서 타인의 관점을 예측하는 능력도 기를 수 있단다. 자신의 입장만 생각하는 사람보다 다른 사람의 관점을 잘 이해하고 예측하는 사람이 사회성도 좋아. 자신의 물건을 잘 간수하는 습관을 들이면서 다른 사람의 관점을 이해하는 능력도 키우니 일석이조 아니겠니?

놀이 마치는 시간을 아이와 함께 미리 정한다

아이들은 아직 시간개념이 없기 때문에 신나게 놀다 보면 시간이 얼마나 지났는지 알아채지 못한단다. 그만 놀자고 하면 더 놀겠다고 조르는 경우가 많아. 놀이가 재미있어서 그럴 수도 있고, 공부나 잠자기 등 하기 싫은 일을 미루기 위해 더 놀겠다고 하는 경우도 있어. 한창 재미있게 노는데 갑자기 엄마가 하기 싫은 일을 시키면 아이들도 짜증을 부린단다. 매일 혼나면서 놀이를 마친다면 스스로 시간을 못 지키는 아이라고 규정해버리게 되고 이런 일이 반복되다 보면 당연히 자존감도 떨어져. 정해진 시간에 놀이를 마치는 것은 아이의 자존감을 높이고 계획성을 키우는 데 도움이 된단다.

아이가 너무 어리면 약속한 시간에 놀이를 마치는 게 어려울 수도 있어. 더 놀고 싶은 것을 참지 못하거든. 한창 재미있게 놀다가 시간이 되었다고 갑자기 놀이를 마치는 것은 아이에게 결코 쉬운 일이 아니란다. 그러니 아이가 어리면 정해진 시간 안에 놀이를 마칠 수 있도록 엄마가 도와줘야 해. 놀이가 끝나기 5분이나 10분 전에 한 차례 시간이 얼마나 남았는지 미리 알려줘. 놀이를 마칠 시간이 되면 같이 장난감을 정리해서 아이가 시간 안에 놀이를 마칠 수 있도록 도와주는 것도 좋아. 정해진 시간에 놀이를 마치면 "시간 약속을 잘 지키네"라고 꼭 칭찬해주렴. 처음에는 놀이 시간을 지키는 데 엄마의 도움이 많이 필요하지만 자꾸 하다 보면 아이 스스로 시간을 잘 지킬 수 있게 될 거야. 놀이 시간을 잘 지키다 보면 아이는 책임감과 자율성, 자신감을 키우게 된단다.

약속 시간이 지났는데도 아이가 계속 놀겠다고 하면 아이의 눈을 똑바로 보고 손을 잡아서 하던 놀이를 멈추도록 해. "오늘은 놀 시간이 끝났어. 내일 또 놀자." 이렇게 간결하면서도 정확하게 이야기해줘. 만약 공부나 숙제를 하기 싫어 하며 계속 놀겠다고 고집 부리면 다음부터는 할 일을 먼저 하고 놀아야 한다고 규칙을 정하는 것이 좋아.

놀이 시간을 미리 정하면 아이가 점차 시간 개념을 갖게 되고 시간을 계획성 있게 쓰는 데 익숙해진단다. 여행은 갈 때도 재미있지만 계획을 짜고 기대하는 것만으로도 행복하잖아. 훌쩍 떠나는 여행도 좋지만 1년 전부터 계획한 여행은 1년을 행복하게 하지. 아이와 놀이 시간을 미리 정해놓으면 아이는 즐거운 마음으로 엄마와의 놀이를 기다리게 된단다. 불규칙하게 한 번 길게 노는 것보다 짧아도 규칙적으로 놀아주는 게 좋아. 월, 수, 금 저녁 8시부터 20분간은 놀이 시간. 이런 식으로 놀이 시간을 정해두면 아이는 놀이 시간을 즐거운 마음으로 기다리게 될 거야. 놀이 시간, 특히 놀이를 마치는 시간을 아이와 미리 정하고 아이가 잘 지킬 수 있도록 도와주렴.

엄마도 예의를 갖추고 약속을 지켜라

너는 지금도 그렇지만 어렸을 때도 그림 그리며 노는 것을 좋아했어. 네가 그림을 그리면서 놀면 엄마는 뭘 그리나 보고 네 머리를 쓰다듬으며 칭찬을 해줬지. 너는 잠시 엄마를 보고 웃으며 좋아했지만, 다시 그림 그리며 노는 것에 열중했단다. 간혹 엄마가 같이 놀고 싶어서 함께 놀자고 하면 너는 엄마와 같이 놀 때도 있었지만, 방해한 것은 아닌지 마음이 쓰였어.

놀아달라고 하는 것은 아이들만이 아니야. 엄마도 아이와 놀고 싶을 때가 있단다. 아이가 한창 잘 놀고 있을 때 엄마가 같이 놀자고 하면 아이에게 방해가 될 수도 있어. 그런데도 무작정 끼어드는 이유는 여러 가지가 있단다. 아이가 뭘 알겠어 하면서 은연중에 아이를 무시하는 마음도 있고, 아이와 놀면서 무언가를 가르치려고 할 수도 있지. 그냥 엄마가 시간이 남거나 같이 놀고 싶어서 엄마 기분에 따라 그럴 수도 있고, 엄마가 운동을 하고 싶어서 아이에게 같이 줄넘기나 자전거를 타고 나가자고 할 수도 있어.

친한 친구와 한창 통화하고 있는데, 갑자기 아이가 와서 놀아달라고 하면 좋지만은 않을 거야. 아이도 마찬가지란다. 한창 재미있게 놀고 있는데 엄마가 같이 놀자고 하면 항상 좋지는 않아. 갑자기 아이의 놀이에 끼어들면 환영받지 못할 수도 있어. 예의는 아이를 대할 때도 필요하단다.

아이와 같이 재미있게 놀려면 아이에게도 허락을 받아야 해. 아이가 재미있게 블록을 맞추고 있다면 "엄마도 같이 놀아도 되니?" "엄마도 레고 같이 맞출까?" "엄마는 어느 부분을 맞출까?" 등 아이의 의견을 물어보고 같이 노는 거야.

여기에 더해 아이와 미리 놀이 시간을 약속하고 잘 지키면 아이는 그 시간을 기다리면서 약속의 소중함을 배우게 될 거야.

좋은 칭찬은 기술이 필요하다

잊히는 것은 누구에게나 괴로운 일이지. 혼자서는 생존할 수 없는 아이들에게 엄마에게 잊히는 두려움은 세상이 무너지는 것 같은 커다란 공포란다. 그래서 아이들은 엄마가 자신을 잊고 관심 없는 것 같으면 말썽을 부려서라도 엄마의 관심을 받으려고 해. 이렇게 관심을 받고 싶어서 말썽을 부린다면 말썽을 부릴 때만 목소리를 높일 게 아니라 잘 놀고 있을 때도 충분한 관심과 사랑을 줘서 아이를 안심시켜줘야 한단다. 잘 놀고 있을 때마다면 자주 칭찬해주렴. "○○이가 참 잘 노네. 예뻐라. 엄마가 너무 기분 좋다." 이렇게 말하고 머리를 쓰다듬어주면 돼. 아이는 그냥 잘 놀기만 해도 엄마가 자신을 사랑해주고 칭찬해준다는 것을 깨닫게 된단다. 굳이 엄마의 관심을 받기 위해 말썽을 부릴 필요가 없어지지. 그러면 아이는 점차 혼자서도 잘 놀게 된단다.

아이를 과도하게 칭찬하면 아이가 너무 건방져지거나 버릇이 나빠지지 않느냐고 묻는 엄마들도 있어. 칭찬을 잘못하면 그럴 수도 있겠지. 하지만 좋은 칭찬은 아이를 잘 키우는 데 꼭 필요하단다. 엄마가 네게 좋은 칭찬법을 알려줄게.

좋은 칭찬의 첫 번째 방법은 결과가 아니라 과정을 칭찬하는 거야. 결과는 좋을 수도 있고 나쁠 수도 있잖니? 열심히 준비하지 않았는데, 운이 좋아서 결과가 좋을 때도 있어. 결과만 가지고 칭찬하면 아이는 열심히 준비하는 것의 가치를 모르고 운만 바라게 될 수도 있단다. 결과가 안 좋으면 운이 안 좋았다고 운 탓만 하게 되지. 결과야 어찌 됐든 열심히 하는 과정을 칭찬하면 아이는 운보다 자신의 노력을 더 중요하게 생각하게 된단다.

좋은 칭찬의 두 번째 방법은 엄마 중심으로 칭찬하는 거야. "네가 열심히 하니 엄마가 기쁘다." 이런 식으로 말이야. 이 세상에 완전히 객관적인 평가는 없어. 칭찬도 일종의 평가인데 그게 절대적일 수는 없잖니? "열심히 했으니 잘했다." 이런 식으로 칭찬하면 아이가 듣기에 마음에 와닿지 않을 수도 있어. 엄마가 보기엔 열심히 했다고 하지만 아이 입장에서는 더 열심히 할 수도 있는 거고, 반대로 엄마의 눈에는 게을러 보인다 해도 아이는 열심히 했다고 생각할 수도 있어. 그러니 칭찬은 철저히 엄마 시각에서 하는 게 좋아.

좋은 칭찬의 세 번째 방법은 즉시 칭찬하는 거야. 아이가 잘 놀고 있다면 그때 즉시 칭찬해줘야 돼. 하루나 이틀 지난 뒤 "그때 네가 잘 놀아서 엄마는 너무 기뻤어"라고 칭찬한다면 칭찬의 힘이 발휘되기 어려워.

좋은 칭찬의 네 번째 방법은 아이의 과거와 비교하는 거야. "어제는 장난감을 던졌는데 오늘은 한 번도 안 던졌네. 엄마는 너무 기뻐." 이렇게 말이야. 어제보다 오늘, 오늘보다 내일이 더 나아진다면 아이는 점점 훌륭하게 자라지 않겠니? 과거보다 나아진 점이 있다면 그것을 칭찬해주렴. 칭찬하면서 다른 아이와 비교하거나 토를 달아서 기를 죽이면 안 돼. "옆집의 ○○보다 더 잘 맞추네." 이런 식으로 아이를 칭찬하면 다른 아이보다 못할 때는 기가 죽게 된단다. 아이들은 모두 장단점이 있으니 찾아보면 다른 아이보다 못하는 게 분명히 있게 마련이거든. 잘하는 것만 칭찬하면 다른 아이보다 못하는 것에 쓸데없는 열등감을 가질 수 있단다. 그러니 다른 아이가 아닌 네 아이의 과거와 비교해서 칭찬을 하렴.

무엇보다 중요한 것은 칭찬을 아끼지 말고 자주 해줘야 한다는 거야. 특히 잘 놀고 있을 때는 칭찬을 아끼지 마. 칭찬은 관심과 사랑의 표현이야. 잘 놀고 있을 때 관심과 사랑을 받으면 아이는 마음 편하게 더 잘 놀 수 있단다.

사고는 한순간, 안전이 제일이다

아이들은 판단력이 떨어지니 먹을 수 없는 것을 먹기도 하고, 호기심이 많아서 상상도 못한 말썽을 부리기도 해. 참을성이 없어서 하지 말라고 혼이 난 후에도 다시 같은 말썽을 부리기도 해. 몸놀림이 엉성해서 잘 넘어지기도 하지. 잠깐 방심하는 사이에 다치니 항상 안전이 제일이라는 생각으로 아이를 돌봐야 한단다.

여든일곱이나 되신 외할머니가 쉰을 넘긴 엄마에게 차 조심하라는 것을 보면 자식 안전 걱정은 나이와 상관없는 것 같기는 하지만, 어린아이를 키울 때 안전은 아무리 챙겨도 지나치지 않아. 돌을 갓 지나 겨우 걸음마를 뗀 아이들은 막 혼자서 돌아다니게 된 데다가 호기심도 왕성하다 보니 잠깐 사이에 사고가 날 수 있단다. 안전에 각별히 주의하고 아이가 안전하게 놀 수 있도록 세세한 부분까지 신경 써야 해.

목욕탕에 받아놓은 물조차 아이에게는 위험할 수 있어. 목욕탕, 수영장, 연못, 분수대 등 물 근처에 아이만 두어서는 절대 안 된단다. 전기 콘센트의 구멍도 아이에게는 흥미로운 놀잇감처럼 보일 수 있어. 그 구멍에 젓가락 등을 넣어 사고가 일어나지 않도록 전기 콘센트 구멍은 덮개 같은 것으로 씌워서 꼭 막아둬야 해. 아이의 호기심은 상상을 초월해. 무엇이든 만져보고 주물러보고 입에 넣어보려고 하니 뜨거운 주전자, 다리미, 날카로운 칼, 가위, 약, 세제 등은 아이의 손에 닿지 않는 곳에 잘 보관해야 돼. 한입에 쏙 들어갈 정도로 작은 장난감은 입에 넣었다가 자칫 질식할 수도 있으니 절대로 혼자 있을 때 주면 안 돼. 큰 장난감도 부품이 빠져서 아이의 입에 들어갈 수 있으니 주의

해야 하고. 차를 타고 다닐 때는 아이를 안고 타서는 안 돼. 아이가 아무리 놀아달라, 안아달라 보채도 반드시 유아용 카시트에 태워야 돼. 아이가 조금 더 커서 자전거나 롤러블레이드같이 속도감 있는 놀잇감을 탈 때는 안전모와 무릎 보호대를 꼭 챙겨주렴.

안전에 관한 한 아무리 조심해도 지나치지 않단다. 사고는 한순간에 벌어지니 늘 안전에 만전을 기하길 바란다.

현명한 엄마로 거듭나는 육아 TIP

아이는 놀이를 통해 사회의 규칙을 배웁니다.
놀이라는 작은 테두리 안에서 단순한 학습으로는
배울 수 없는 인성을 키워나갑니다.

아이는 하얀 도화지와 같습니다.
부모는 이 도화지 위에 색색깔의 그림을 그리는 사람과 같습니다.
놀이는 그림을 그릴 때 필요한 다채로운 크레파스입니다.
약속을 잘 지키는 사람, 적절하게 시간을 쓸 줄 아는 사람,
예의를 지키는 사람, 기분 좋게 칭찬할 수 있는 사람이 되는 것은
책으로 배울 수 없는 일입니다.
단순히 예의 있는 사람이 되라고 해서
아이가 예의 있는 사람이 되는 것은 아니니까요.
놀이는 책으로 습득할 수 없는 것들을
아이에게 가르쳐주는 최적의 수단입니다.
아이와 즐겁게 놀아주세요.
이때 아이에게 강요는 하지 마세요.
물 흐르듯 자연스럽게 놀이의 규칙에 맞춰 아이와 놀아주세요.

처음 아이를 키우는 너를 위한 조언

...

아이가 좋아하는 엄마의 세 요소 섬세함·즉각성·한결같음

알에서 갓 부화한 거위 새끼들은 처음 본 동물을 어미로 알고 강력한 애착을 형성한단다. 그 자리에 어미가 있으면 어미를 쫓아다니는데, 어미가 아닌 사람이나 고양이, 개가 있어도 제 어미인 줄 알고 죽어라 쫓아다녀. 거위의 경우, 태어난 지 하루 이내 이렇게 강력한 애착이 형성된단다. 거위 같은 극적인 각인은 아니지만 사람에게도 애착이 형성되는 중요한 시기가 있어. 태어난 뒤 처음 1년이 애착 형성 정도가 가장 강력해. 이때 아기의 뇌에서는 사람을 만나 기대하고 반응하는, 사람과 관계를 맺는 기본적인 설계도가 거의 완성돼.

아기와 좋은 애착을 형성하기 위해 엄마는 기본적으로 세 가지 자질을 갖춰야 해. 첫째는 섬세함이란다. 친구 사귈 때를 생각해봐. 내 기분을 잘 알아차리는 친구가 좋지 않니? 나는 속상한데 눈치도 못 채고 계속 깔깔거리며 수다를 떠는 친구는 가깝다는 생각이 별로 들지 않지. 아기도 그렇단다. 아기는 자신의 상태를 잘 아는 섬세한 엄마를 좋아해. 아기가 칭얼거릴 때 왜 그러는지 알기 위해서는 상당한 세심함이 필요하단다. 배가 고파서, 기저귀가 젖어서, 혹은 새로 입은 옷의 감촉이 싫어서 칭얼거릴 수 있어. 섬세한 엄마는 아이가 무엇 때문에 불편해하는지 금방 알아차려. 불편한 것뿐만 아니라 말 못하는 아이의 희로애락을 섬세한 엄마는 다 알아차린단다.

예를 들어, 엄마가 딸랑이를 흔드는데 아기는 피곤해서 별로 놀고 싶지 않아. 아기는 아직 스스로 걷거나 말을 할 수 없기 때문에 그 자리를 피해서 다른 곳에 가서 쉴 수도 없고 피곤하니 쉬고 싶다고 말을 할 수도 없지. 기껏 해야 엄마와 딸랑이를 외면하고 다른 곳을 쳐다보며 피곤한 자극을 피할 수밖에 없단다. 둔감한 엄마는 억지로 아이의 시선을 잡으려고 애쓰며 같이 놀자고 하지. 귀찮은 아이는 이리저리 시선을 피하다가 울음을 터트리게 된단다. 섬세한 엄마는 아이의 표정이나 몸짓, 소리 등으로 아이의 감정 상태, 희망, 욕구 등을 능숙하게 파악해내.

두 번째는 반응이야. 그런데 즉각 반응해야 해. 아이는 울면 얼른 달려와 왜 우는지 파악해서 나의 불편함을 해결하고 달래주는 엄마를 좋아하지. 생각해봐. 친구와 같이 놀기로 했는데 친구가 곧 연락한다고 해놓고는 일주일이고 열흘이고 연락이 없다면, 그리고 그런 일이 잦다면 이 친구가 나를 소중하게 생각하는 건지 헷갈리잖아. 섬세하게 아이의 변화를 알아차렸다면 즉각 반응해줘야 아이는 엄마의 사랑을 느끼고 엄마와 깊은 애착을 형성한단다.

세 번째는 한결같음이야. 기저귀가 젖어서 울었더니 어느 날은 달려와서 금방 기저귀를 갈아주고 어느 날은 한참 동안 기다리게 해서 울다가 목이 쉬어버리게 하는 엄마는 아기도 믿지 못한단다. 이런 일이 반복되면 아이는 불쾌한 일이 있을 때 울면 엄마가 와서 해결해준다는 믿음이 깨져버리지. 이런 생각을 가지면 아이는 더 이상 엄마의 도움을 기대하지 않게 돼. 애착이 생기다가 마는 거야.

네 마음을 도통 몰라주는 둔감한 친구, 곧 연락한다고 해놓고 소식이 없는 친구, 자기 기분에 따라 연락을 했다 안 했다 하는 친구, 이런 친구와 친해지기는 어려워. 이런 친구가 같이 놀자고 하면 거절하거나 혹시 같이 어울리게 되더라도 서먹하고 불편할 거야. 어디까지 마음을 열고 믿어도 좋을지 주저하게 되지.

세심한 엄마, 즉각 반응해주는 엄마, 한결같아서 언제라도 믿을 수 있는 엄마. 이런 엄마라야 아기는 마음 놓고 너와 노는 것을 즐길 수 있단다. 그러니 아이와 잘 놀려면 먼저 이런 엄마가 돼서 아기와 친해져야 해. 친해지면 때와 장소가 문제가 아니란다. 언제 어디서든 아이와 즐겁게 놀 수 있어.

우리 가족이 남도 일대를 여행하며 맛집 앞에서 같이 놀았던 것 기억나니? 유명한 집이라고 해서 찾아갔더니 줄이 정말 길었어. 줄서서 기다리는 동안 우리는 노래를 부르고 손뼉을 치며 놀았어. 얼굴을 마주하고 마음대로 가사를 바꿔 부르며 놀다 보니 지루할 줄 알았던 기다림이 금방 끝나버렸어. 먼저 아이와 친해지고 틈나는 대로 아이와 즐겁게 놀아주면 너와 아이 모두 행복해질 거야. 엄마와 친하고 엄마와 잘 노는 아이가 친구들과도 잘 논단다. 네 아이가 사회성 있고 잘 노는 아이로 자라기를 원한다면 먼저 네 아이와 친해지고 잘 놀아주렴.

지금 이 순간의 소중함, 아이에게 집중하라

어떤 가족이 모여서 저녁을 먹고 있었어. 각자 핸드폰을 보면서 밥을 먹더구나. 한자리에 모여서 밥을 먹지만 관심은 각자 다른 곳에 있었어. 몸만 같이 있을 뿐 마음은 다 다른 곳에

가 있었던 거야. 가족이 함께하는 저녁식사 자리가 그렇게 지루해 보일 수 없었어. 같이 있어도 서로에게 관심이 없다면 전혀 즐겁지 않아. 서로 몰입하지 못하는 놀이도 마찬가지란다. 아이는 블록을 맞추는데 엄마는 인형놀이에만 관심이 있다면 엄마는 아이의 행동에 적절하게 반응하기 어렵지. "엄마, 이거 여기 연결하면 움직일 수도 있어." 새로운 발견에 신이 난 아이가 말해도 엄마는 건성으로 대답할 뿐이야. 반대로 엄마가 아이에게 인형을 보여주며 "이 인형은 오줌도 싸네"라고 말해도 아이의 반응은 시큰둥할 거야. 한자리에 있어도 관심이 각자 다른 곳에 있다면 같이 앉아서 놀더라도 전혀 즐거워 보이지 않아. 아이와 잘 놀려면 아이의 놀이에 집중해야 돼. 그래야 아이의 흥미와 관심, 발달 수준을 제대로 볼 수 있단다. 이런 것들을 알아야 아이와 재미있게 놀아줄 수 있어.

아이와 잘 놀려면 무엇보다 아이에게 집중해야 돼. 그런데 걱정이 많은 엄마는 아이의 놀이에 집중하기 어렵단다. 너를 낳고 출산 휴가가 끝나 다시 근무를 시작했을 때였어. 병원에 오면 네가 걱정되고 집에 오면 병원 일이 걱정돼서 마음이 늘 무거웠단다. 어느 날 문득 순서가 잘못됐다는 생각이 들었어. 병원에서 너를, 집에서는 병원 일을 걱정할 게 아니라 그 반대로 해야 하는 거였어. 그래서 순서를 바꾸기로 했어. 집에서는 네게 집중하고, 병원에서는 병원 일에 집중하기로 결심했어. 처음에는 마음먹은 대로 되지 않았어. 어느새 몽글몽글 마음속에 걱정이 피어났어. 그래도 노력하다 보니 현재에 집중하는 것이 쉬워지더라. 바로 지금 이 순간, 현재에 집중하니 마음이 한결 가벼워졌어. 너와 놀 때는 병원 일은 잊고 네게 집중하니 너와 노는 것이 훨씬 즐거워졌단다.

걱정의 무게는 끝이 없어. 걱정을 담은 마음은 한없이 무겁단다. 걱정을 없애야 해. 어떻게 없애냐고? 인간에게 상상력이 없다면 아마 걱정도 없을 거야. 대부분의 걱정은 마음이 만들어낸단다. 내일을 사는 사람은 오늘을 즐길 줄 몰라. 결과만 중요한 사람은 오늘의 소중함을 모르지. 그렇다고 오늘만 살라는 것은 아니야. 오늘만 사는 사람은 쾌락을 탐닉하고 절제를 몰라 파멸에 이르기도 해. 오늘의 쾌락에 침몰한 대표적인 예로 알코올 중독자와 도박 중독자가 있어. 미래보다 오늘의 쾌락에 침몰해 있는 사람들이지. 오늘에 몰입해서 즐기되 미래를 위해 절제할 줄 아는 미덕도 중요해.

걱정을 없애는 가장 좋은 방법은 바로 현재에 몰입하는 거야. 그런데 현재에 몰입하는 게 말처럼 쉽지 않을 수도 있어. 현재에 몰입하기 위해선 많은 연습이 필요하단다. 걱정이 많다면 현재에 집중해서 마음이 편해지는 방법에 익숙해져야 돼. 너와 네 아이를 위해 걱정을 잊고 현재에 몰입해보렴. 아이와 놀면서 아이의 모든 것에 집중해봐. 네 인생의 소중한 순간들이 점점 많아질 거야.

욕심 많은 엄마는 아이 놀이에 집중하지 못해. 아이를 가르치는데 급급하다 보니 정작 아이가 재미있어 하는 것을 놓치는 거야. 아이와 잘 놀려면 엄마가 마음을 비우고 아이에게 맞춰줘야 한단다. 동시에 여러 가지 일을 하는 엄마도 마음이 바빠서 아이의 놀이에 집중하지 못하지. 가스레인지 위에 음식을 올려놓은 엄마가 어떻게 아이의 놀이에 집중하겠니? 아이의 놀이에 집중하려면 아이와의 놀이를 위해 시간을 만들어야 한단다. 여유 있을 때 아이와 놀아주겠다는 엄마는 아이와 놀아주기 어려워. 아이와 놀아주는 시간을 따로 마련해서 오롯이 아이와 노는 데 집중하렴. 그래야 제대로 집중할 수 있단다.

아이가 잠자기 전 20분을 활용하자

어렸을 때 엄마가 너를 재워주며 같이 놀았던 것 기억나니? 〈나비야 나비야〉, 〈누가 누가 잠자나〉, 〈반달〉 같은 노래를 불러주면 때로는 너도 같이 노래를 불렀지. 옛날 이야기를 해주기도 했어. 우리는 함께 이야기를 만들었지. 주인공의 나이며 성별을 마음대로 바꾸고 결말도 우리 마음대로 만들며 놀았어. 잠이 오면 너는 머리를 긁적이는 버릇이 있었어. 네가 머리를 긁적이면 나는 네가 곧 잠들 거라는 걸 알았단다. 어느 날 네가 머리를 긁적이면서도 잠이 오지 않는다고 투정을 부렸어. 웬일인가 했는데 말이 끝나자마자 가볍게 코를 골며 잠들어 나를 미소 짓게 만들었지. 네가 잠투정을 부릴 나이가 지날 만큼 다 자란 후에도 나는 가끔 잠들기 전에 네 머리를 긁어주곤 했어. 그러면 너는 어릴 적 엄마가 잠자리에서 머리를 긁어주던 기억을 떠올리며 한없이 행복해하곤 했지. 세월이 흘러도 우리가 함께할 추억이 있다는 게 너무 감사하구나.

그런데 요즘 아이들은 정말 바쁘지. 학교와 학원을 오가고 숙제까지 마치고 나면 금세 저녁이 돼. 겨우 놀 수 있게 되었는데, 금방 잠자리에 들어야 하지. 바쁘기는 어른들도 마찬가지야. 이것저것 하다 보면 하루가 어떻게 지나가는지도 모르게 금방 시간이 가버려. 아이들과 놀아주려고 해도 좀처럼 시간을 내기가 어렵지. 그러나 정말 중요한 일이라면 시간이 남았을 때 하는 것이 아니라 시간을 만들어서라도 해야 되지 않을까? 남는 시간에 운동을 하려면 운동할 시간이 없고 남는 돈으로 저축을 하려면 저축할 돈도 없지. 이 세상에 남는 시간, 남는 돈이 어디 있겠니? 꼭 해야 한다면 운동할 시간이나 저축할 돈을 먼저 챙겨야 돼.

아이들과 놀아주는 것도 마찬가지야. 남는 시간에 아이들과 놀아주려면 놀아줄 시간이 생기지 않는단다. 이 시간만은 꼭 아이들과 놀아줘야 한다고 미리 정해야 아이들과 놀 시간을 마련할 수 있어. 낮 시간이 바쁘다면 아이들이 잠들기 전 20분이라도 꼭 아이와 시간을 보내렴. 그 시간에 등을 토닥이며 옛날이야기를 해줄 수도 있고 자장가를 불러줘도 좋아. 책을 읽어주는 것도 괜찮아. 잠들기 전 20분, 네 아이를 이 세상에서 가장 행복한 아이로 만들어줘. 아이와 평생 함께할 좋은 추억거리가 될 거야.

나쁜 놀이도 있다

모든 놀이가 좋은 것은 아니야. 드물지만 아이의 발달을 방해하거나 발달에 문제가 있어 나타나는 나쁜 놀이도 있단다. 이런 놀이가 나타나면 지켜볼 게 아니라 오히려 놀이 방식을 바꿔줘야 해.

성폭행을 당한 이후 말이 급격히 줄고 과격하고 난폭해진 아이가 있었어. 아이가 노는 모습을 보니 거의 표정의 변화가 없고 한 가지 놀이에 집중하지 못했어. 그저 이 장난감 저 장난감 잠시 만지면서 이리저리 돌아다니기만 했어. 성폭행 사고가 일어나기 전에는 차분하고 잘 웃으며 말도 잘했다고 하니 사고의 트라우마가 얼마나 심각한지 알 수 있었어. 그런데 아이가 인형을 꺼내 이리저리 둘러보더니 인형의 다리를 벌리고 다리 찢기를 계속하는 거야. 아이는 자신이 당했던 사건을 재연하고 있었어.

트라우마를 치유하려는 아이들의 놀이는 계속 반복되는 경향이 있어. 마치 꾸고 싶지 않은 악몽을 반복해서 꾸고, 기억하고 싶지 않은 경험을 플래쉬백하듯 놀이가 아니라 트라우마를 재경험하고 있는 거야. 이런 놀이는 아이를 더 크게 상처받게 만들 뿐이란다. 나는 그 아이가 간혹 관심을 보였던 쇼핑 카트를 주면서 트라우마 재연 놀이를 중단시켰어.

아이들은 크게 놀란 경험을 놀이를 통해 재연한단다. 병원에서 예방주사를 맞고 온 아이가 병원 놀이를 하면서 인형에게 주사를 놓는 식이지. 트라우마를 치유하는 놀이는 아이의 발달에 좋은 영향을 미쳐. 그런데 간혹 아무런 감정 없이 행동만 반복하는 경우는 치유가 아니라 그냥 트라우마를 반복해서 경험하는 것일 수도 있어. 놀이의 핵심은 즐거움이란다. 즐거움 없이, 반복되는 놀이는 아이의 강박증과 연관 있을 가능성이 높으니 다른 놀이로 부드럽게 전환시켜주는 게 좋아. 주사 대신에 다른 장난감을 주면서 같이 놀자고 하는 것이지. 아이가 재미있어 하는 다른 놀잇감을 찾아서 놀도록 해주는 거야. 아이가 조금 더 커서 트라우마를 이겨낼 힘이 생긴다면 그때 가벼운 마음으로 트라우마와 연관된 놀이를 다시 할 수도 있어. 잊지 마. 놀이로 치유하려면, 놀이 안에 재미가 있어야 한다는 것을.

놀이에도 편식이 있다

놀이는 음식 같단다. 아이가 골고루 먹어야 제대로 잘 성장하듯이, 골고루 놀아야 잘 자랄 수 있어. 음식처럼 놀이도 종류가 많고 각각의 놀이는 저마다 특징과 장점이 있단다. 당연히 한 가지만으로는 부족해. 달리기만 하는 아이는 상상력이 부족할 수 있고, 상상놀이만 하는 아이는 운동신경이 별로일 수 있단다.

아이에 따라 한 가지만 고집하고 다른 놀이에 흥미를 못 느끼는 경우도 있어. 편식이 심한 아이처럼 자기가 원하는 놀이만 하려고 들지. 특히 요즘 같은 디지털 시대에는 컴퓨터 게임만 하려는 아이들이 꽤 많아. 편식이 심한 아이에게 싫어하는 음식을 먹이는 것은 쉽지 않은 일이야. 억지로 먹일 수는 없지만, 그렇다고 마냥 편식하도록 둘 수는 없잖니. 엄마들은 아이가 싫어하는 것을 먹이기 위해 조리법을 바꾸거나 다른 아이들과 같이 먹는 등 환경에 변화를 주기도 해. 이렇게 갖은 노력을 해도 편식을 고치는 것이 쉽지 않단다. 그래도 골고루 음식을 먹을 수 있도록 꾸준히 노력해야 하지 않겠니? 놀이도 마찬가지란다. 아이가 새로운 놀이, 안 하던 놀이를 하도록 유도하는 것은 결코 쉽지 않아. 그래도 아이가 놀이에 편식하지 않도록 자꾸 새로운 기회를 만들어줘야 돼.

아이가 밖에 나가는 것을 싫어한다면 밖에 나가 즐거운 시간을 갖도록 도와주렴. 무조건 밖에 나가서 놀아라 하고 이야기하는 것은 별 도움이 안돼. 아이 혼자서는 밖에 나가서 노는 것의 즐거움을 찾지 못할 수도 있단다. 이럴 때는 함께 나가서 놀아주는 거야. 같이 나가서 걷거나 자전거를 타거나 공을 차는 거지. 야외 신체 활동은 아빠가 나서는 것이 특히 도움이 된단다. 밖에 나가서 뛰어놀기만 좋아하는 아이라면 집에서 부모가 역할놀이, 그림 그리기, 색종이 접기 등 다양한 놀이를 해줘서 이런 놀이들에 재미를 붙이도록 도와줘야 해. 다양한 놀이를 즐길 수 있다면 아이는 놀면서 골고루 발달할 거야.

부모의 역할은 기다리고 또 기다리는 것

어렸을 때 너는 글자 익히기를 어려워했어. 간판을 보며 스스로 글자를 익힌 지상이에 비해 너의 읽기 속도는 더디기 짝이 없었단다. 한참 걸려 겨우 글자를 읽는데, 그것도 거의 잘못 읽어서 지켜보는 나를 애타게 했단다. 너는 말도 느렸어. 말을 배우기 시작할 무렵, 대화의 반이 "아니"라는 말이었단다. 먹기 싫어도 "아니", 가기 싫어도 "아니", 뜨거워도 "아니", 놀고 싶어도 "아니"라고 말할 뿐이었지. 급할 때는 "아니 아니" 하며 울었어.

나는 참을성 있게 네가 말하는 “아니”의 의미를 파악하려고 노력해야 했지.

아이를 키운다는 것은 기다림의 연속이란다. 아이가 글을 천천히 읽는다고 대신 읽어주면 아이는 글을 익힐 수 없어. 나무토막 맞추기를 못한다고 부모가 나서서 맞춰주면 아이는 배울 틈이 없단다. 시간이 걸려도 스스로 해야 무엇이든 배울 수 있단다. 부모가 할 수 있는 일은 그저 기다리는 것밖에 없을 때도 있어.

겨우 걸음마를 시작한 너를 데리고 놀이동산에 갔을 때였어. 자동차에 유모차를 싣고 출발했는데, 어느 틈엔가 유모차가 큰 짐이 되고 말았지. 네가 유모차를 마다하고 계속 혼자서 걸으려고 했거든. 뒤뚱거리며 혼자 가버리는 너를 지켜보며 유모차까지 챙기려니 정신을 차릴 수 없었어. 그래서 잃어버린 소소한 물건들이 얼마나 많은지.

걸음이 서툴러도 아이는 혼자서 걸으려고 해. 제대로 못 그려도 혼자 그리려고 하고, 잘못 맞춰도 혼자서 나무 퍼즐을 맞추려고 하지. 더디고 오래 걸려도 아이는 모든 것을 혼자서 하려고 한단다. 답답하고 화가 나도 부모는 참고 기다려야 해. 갓 걷기 시작한 아이는 앞에서 기다려주고, 이제 막 자전거를 배우는 아이는 뒤에서 기다려야 하지. 넘어질 때 잡아주려고 준비하면서 기다리는 거야. 무작정 기다리는 것을 좋아할 사람이 어디 있겠니? 그러나 부모란 그런 거란다. 아이가 잘 성장하려면 참고 기다려줄 누군가가 필요해. 이때 기다리고 또 기다려주는 게 부모의 사랑이란다.

아이가 놀면서 빨리 못한다고, 실수한다고 대신 해줘선 안 돼. 지켜보고 기다리다 보면 아이는 수없이 반복하고 실수하면서 결국 숙달하게 돼. 때로는 그냥 기다리는 것이 가장 좋을 때도 있단다.

놀이도 균형이 중요하다

어렸을 때 운동을 좋아했던 너는 매일 열심히 태권도장에 가서 땀이 뻘뻘 나도록 운동을 했어. 엄마는 태권도장에 너를 데리러 가는 게 큰 낙이었단다. 집으로 돌아오는 길에 너와 도란도란 이야기를 나누며 같이 걷는 게 좋았거든. 그런데 집에 돌아오는 길에 고비가 하나 있었어. 목이 마른 네가 꼭 달콤한 음료수를 사달라고 졸라댔지. 네게 달기만 한 음료수를 먹이고 싶지 않았던 엄마는 그냥 물을 마시라고 하고, 너는 음료수를 사달라고 조르곤 했어. 가끔은 네가 좋아하는 모습이 너무 예뻐서 음료수를 사주기도 했지만 그러면서도 몸에 좋지 않은 것을 먹이는 게 마음에 걸리곤 했단다.

좋은 것만 골라 먹이고 싶은 엄마의 욕심과 좋아하는 것만 먹으려는 아이의 고집 사이에는 늘 갈등이 생기게 마련이야. 도대체 어느 정도까지 아이가 원하는 대로 해줘야 하는 건지 엄마들은 고민이란다. 놀이도 마찬가지야. 아이가 한 가지 놀이에 집착하고 같은 놀이를 지나치게 반복한다 싶을 때 계속 두어야 할지 못하게 하고 다른 놀이를 하도록 해야 할지 고민될 때가 있어.

그럴 때는 아이가 좋아하는 놀이를 실컷 하도록 놔두렴. 아이의 수준에는 그 놀이가 가장 맞는 거야. 아이가 크면서 놀이도 바뀐단다. 걸음마를 시작했을 때 자동차를 굴리며 놀던 아이가 유치원에 가면 상상놀이를 하고, 초등학교에 들어가면 또래와 승부를 가리는 게임을 하며 놀아. 아이는 자신의 발달 수준에 맞는 놀이를 가장 재미있어 하니까 아이가 좋아하는 놀이를 하도록 놔두는 것이 대부분의 경우 적절한 행동이야. 엄마가 특별히 노력하지 않아도 아이가 크면서 아이의 놀이도 변한단다.

만약 놀이를 통해 아이가 더 빨리 발달하게 하고 싶다면 조금 더 적극적으로 새로운 놀이를 접할 기회를 줘. 밥만 먹던 아이에게 빵을 주면 처음에는 낯설어하지만 점차 빵에도 익숙해지지. 놀이도 그렇단다. 한 가지 놀이만 즐기던 아이도 다른 놀이를 접하면 조금씩 다른 놀이도 즐겁게 한단다. 아이가 조금 더 수준 높은 놀이, 다양한 놀이를 접할 수 있도록 기회를 제공해주렴. 아이가 소꿉놀이를 하면서 음식 만들기만 한다면 엄마가 손님 역할이나 주인 역할을 해서 가게 놀이를 하는 식으로 놀이를 조금 더 다양하게 해주는 거야. 그렇다고 억지로 아이의 놀이를 바꾸려고 들지는 마. 그냥 새로운 놀이를 접할 기회를 만들어주면 돼. 새로운 놀이가 아이의 발달 수준이나 흥미에 맞으면 아이는 새로운 놀이를 좋아하게 될 거야. 그러나 아이가 외면한다면 그 놀이는 아직 아이의 수준에 맞지 않거나 흥미가 없는 거야. 강요하지 말고 그냥 기회만 제공하렴. 선택은 아이 몫이거든.

과자만 먹겠다는 아이에게 과자만 먹일 수 없듯, 아이가 좋아한다고 마냥 같은 놀이를 계속하게 할 수 없을 때도 있어. 이럴 때는 더 강력하게 아이가 좋아하는 놀이를 제한하고 다른 놀이를 하도록 유도해야 해. 대표적인 것이 컴퓨터나 스마트폰 게임이야. 많은 아이들이 그냥 두면 마냥 게임만 하려고 들지. 이럴 때는 강력하게 게임하는 것을 제한하고 다른 놀이를 하도록 유도해야 돼. "게임 그만해"라고 말하는 것으로는 부족한 경우가 많아. 부모는 앉아서 텔레비전을 보면서 아이에게 게임을 그만하고 공부하라고 말해봤자 먹히지 않지. 게임 대신에 할 것을 알려주고 필요하면 같이 시작해야 돼. 게임을 많이 하는 아이들의 부모를 살펴보면 취미가 없거나 반대로 지나치게 자신의 취미에 몰두해서 아이들과 함께 즐길 시간이 없는 경우가 많아. 부모가 함께하면 아이들도 다른 취미나 놀이를 즐길 수 있단다. 책 읽기, 보드게임 하기, 낱말 맞추기, 자전거 타기, 줄넘기, 공놀이 등 찾아보면 아이들과 함께할 수 있는 게 많아.

아이가 한 가지 놀이에 지나치게 깊이 빠져 있다면 때로는 기다려야 하고, 때로는 새로운 놀이를 접하도록 해야 하고, 때로는 아예 못 하게 막기도 해야 돼. 상황에 따라 어느 쪽으로도 치우침 없이 균형 있는 선택을 해야 해. 현명한 엄마는 아이를 잘 놀린단다.

행복한 엄마가 행복한 아이를 만든다

피곤하고 배가 고프거나 졸릴 때 누가 놀자고 하면 내키지 않지. 아기들도 마찬가지야. 아기가 느긋하니 놀 기분이 되었을 때 놀아줘야 잘 놀아. 졸리거나 피곤하면 아기도 쉬고 싶단다. 그러나 아기는 말을 하지 못하므로 엄마가 아기의 상태를 잘 파악해야 돼. 아기가 놀고 싶을 때 잘 놀아주는 엄마가 좋은 엄마란다.

아기와 잘 놀려면 엄마의 몸 상태도 중요해. 어린 아기를 키우는 엄마는 24시간 쉴 틈이 없단다. 아기가 깨어 있으면 깨어 있는 아기를 돌봐야 하고, 아기가 자는 동안에는 밀린 집안일을 해야 돼. 엄마도 사람인데 얼마나 피곤하겠니? 피곤하면 만사가 귀찮고 짜증 나는 것은 당연한 일이야. 엄마의 피로는 아기에게도 좋지 않아. 힘들면 남편이나 가족 등 주변 사람에게 도움을 청해야 돼. 도와줄 사람이 전혀 없더라도 긍정적인 마음을 가져야 해. 자신을 탓하지 말고 누구라도 피곤할 수 있다는 것을 인정해. 이 또한 지나가리라. 아기가 자라면 상황이 나아질 거라는 희망을 가져.

엄마들은 아무리 피곤하고 불행해도 아이에게 짜증을 내지 않았으니 아이는 모를 거라고 생각해. 그러나 아이들은 신기할 정도로 엄마의 기분을 잘 알아챈단다. 끓는 냄비 근처에 가면 굳이 손을 대지 않아도 열기를 느낄 수 있는 것처럼 가까이에 있으면 그 사람의 기분도 느낄 수 있어. 지하철에서 옆자리에 앉은 사람이 잔뜩 화가 나 있다고 상상해봐. 얼굴을 잔뜩 찡그리고 주먹을 불끈 쥔 채 앉아 있다면 옆에 있는 나 역시 불편하지 않겠니? 화가 난 사람과 행복한 사람은 분위기가 달라. 엄마가 피곤하고 짜증이 난 상태라면 아이도 편하지 않아. 아이가 행복하려면 무엇보다 엄마가 행복해야 돼. 네 아이가 잘 놀기를 바란다면 먼저 네가 행복해야 된단다.

새로운 경험, 아이의 놀이에서 힌트를 찾아라

스위스의 심리학자 장 피아제에게는 세 자녀가 있었어. 피아제는 자신의 세 아이가 자라는 과정을 관찰해서 아동의 인지가 시기별로 어떻게 발달하는지 설명했단다. 이 연구를 통해 아이들이 실제 생활에서 익숙한 것들, 아이가 많이 경험했던 것들은 더 빨리 발달한다는 것이 밝혀졌어. 예를 들어, 설탕에 익숙한 아이는 설탕을 본 적 없는 아이들보다 설탕을 물에 넣어 녹이면 비록 설탕이 보이지 않지만 물이 달콤해진다는 것을 더 빨리 알아. 간단히 말하면, 경험이 많을수록 아이의 뇌는 더 빨리 발달해. 그러니 아이가 되도록 다양한 경험을 할 수 있도록 해주렴.

지상이가 돌이 되기 전, 누르면 건반마다 다른 소리가 나는 장난감이 있었어. 지상이는 한동안 그 장난감을 꽤 좋아했단다. 하지만 오래지 않아 그 장난감에 익숙해져서 더 이상 흥미를 보이지 않았어. 그 무렵 새로운 장난감이 생겼어. 생긴 것은 비슷하지만 이전의 것이 단순히 누르면 소리가 났다면, 새로운 장난감은 태엽을 돌리면 불이 들어오고 노래가 나왔어. 처음 새 장난감을 접했을 때 지상이는 이전 장난감과 똑같이 건반을 누르더라. 그러나 건반을 눌러도 아무런 반응이 없자 두들기고 흔들어대기 시작했어. 여러 가지 시도를 한 끝에 마침내 지상이는 돌려서 노래가 나오게 하는 방법을 찾아냈어. 지상이는 놀이를 하면서 문제 해결 방법을 알아낸 거야. 새로운 경험을 할수록 문제를 해결하는 능력은 쑥쑥 자란단다. 이처럼 아이에게 새로운 경험이란 정말 소중하단다.

그러나 무턱대고 새로운 경험을 시킨다고 해서 그 경험이 모두 아이의 뇌 발달을 촉진시키는 것은 아니야. 지상이가 7살, 네가 2살이었던 해 여름, 엄마와 아빠는 너희들을 데리고 워싱턴 DC 박물관몰에 갔어. 박물관몰에는 국회의사당에서 모뉴먼트까지 1.5킬로미터 정도의 거리에 수많은 박물관과 미술관이 자리 잡고 있어. 모든 박물관과 미술관을 하루에 보는 것이 불가능할 정도로 많아서 그 가운데 어느 곳을 방문할지 사전에 꼼꼼이 조사했단다. 엄마, 아빠는 국립자연사박물관과 국립항공우주박물관을 선택했어. 국립자연사박물관에는 공룡 뼈가 조립되어 있고, 국립항공우주박물관에는 비행기와 우주선 등이 전시되어 있어서 너는 너무 어려서 잘 모른다고 해도 지상이는 좋아할 거라고 생각했지.

날은 더웠고, 아이들을 데리고 다니기엔 이동 거리가 만만치 않았어. 특히 갓 걸음마를 뗀 너는 뭐가 그리 궁금했는지 엄마 손을 떨쳐내고 뒤도 안 돌아보고 달려나가곤 했지. 너 잡으랴 유모차 챙기랴 정신이 없었단다. 그러나 교육열에 불탔던 엄마와 아빠는 이런 난관에도 아랑곳하지 않고 거의 전투를 치르듯 일정을 소화해냈어. 고된 하루를 마치고 숙소로 돌아올 무렵 너희들은 물론이고 엄마, 아빠는 거의 탈진 상태였지. 마침 앞에 편의점이 있어서 너희들은 슬러시로 엄마, 아빠는 물로 갈증을 달래면서 숙소로 돌아왔어.

그날 밤, 온종일 땀으로 범벅이 되며 아이들에게 좋은 구경을 시킨 엄마, 아빠가 가장 기다렸던 순간이 왔어. 그렇게 힘들게 데리고 다녔으니 얼마나 교육적인 효과가 있었는지 확인하고 싶었어. 그래서 너희들에게 물었어. “오늘 한 것 중에 뭐가 제일 좋았어?” 공룡 화석? 비행기? 조종사? 뭐가 가장 인상에 남았을까? 잔뜩 기대하며 대답을 기다렸는데 답이 너무나 뜻밖이었단다. 너희들은 입을 모아 대답했어. “슬러시요.” 슬러시라니? 엄마, 아빠는 어안이 벙벙했단다. 어디에나 있는 슬러시가 제일 좋았다고? 맥이 탁 빠지더구나. 엄마는 그날 커다란 교훈을 얻었어. 아이들에게는 때가 있는 거구나. 아이가 받아들일 준비가 안되어 있다면 아무리 좋은 경험도 무용지물일 뿐이야. 아이의 경험이 뇌 발달에 도움이 되려면 아이의 수준과 흥미에 맞아야 해.

아이와 어떻게 놀아야 할지 감이 잡히지 않을 때는 집 밖으로 나가 함께 활동하는 것도 좋은 방법이야. 아이와 함께 동네 산책을 해도 좋고, 동네 놀이터를 가도 좋아. 목욕탕을 가도 좋고, 등산을 하거나 영화관에 같이 가는 것도 좋아. 아이가 어리면 유모차에 태워서 세상 구경을 시켜주렴. 길을 가다 보면 대부분의 것들이 아이에게는 처음 보는 것일 거야.

너를 데리고 산책을 나갔을 때 네가 유독 유심히 쳐다보는 것이 있으면 나는 이야기를 해줬어. 다른 아기를 쳐다보면 “아기

네, 예쁜 아기네. 지영이도 아기지"라고 말했지. 강아지를 쳐다 보면 "강아지 멍멍. 강아지다"라고 말하고, 나뭇잎을 보면 나뭇잎을 만져보게 했어. 돌을 보면 돌을 만져보게 했어. 거창하게 돈을 들여서 놀이공원에 가지 않아도 아이에게는 주변의 모든 것이 새롭고 신기한 놀잇감이란다. 같이 다니면서 만져보게만 해도 아이에게는 신나는 경험이 될 거야.

아이는 자신의 눈높이에서 세상을 보고 세상을 받아들여. 아이의 눈높이가 어느 정도인가는 아이의 놀이를 보면 알 수 있단다. 아이의 놀이를 보면 아이의 수준과 관심이 보여. 공룡 놀이를 하는 아이는 공룡박물관을 좋아할 것이고, 야구를 좋아하는 아이는 야구장이 좋은 경험이 될 거야. 물을 좋아하는 아이라면 분수가 있는 공원이나 수영장 같은 곳을 가는 게 좋은 경험이 되겠지. 아이가 자신의 흥미와 수준에 맞는 경험을 하도록 도와주렴. 그러면 새로운 경험을 스폰지처럼 빨아들여 뇌가 쑥쑥 발달할 거야.

현명한 엄마로 거듭나는 육아 TIP

아주 흔한 말이지만 알면서도 실천하기 어려운 게 있습니다.
행복한 엄마가 행복한 아이를 만듭니다.
나 먼저 행복하려고 노력하세요.

아이의 정서는 가장 가까운 사람인 엄마에게 큰 영향을 받습니다.
잘 아는 사실이지만, 사실 엄마도 사람이기에 늘 안정적인 정서로
아이를 대하기는 어렵습니다.
그래도 기억해야 하는 게 있습니다.
엄마의 행복이 아이의 행복을 만듭니다.
엄마가 행복해야 아이가 행복합니다.
화가 나고 짜증 나도 항상 마음을 다잡으세요.
무조건 아이에게 맞추려고 하기보다는 적절한 선을 마련해놓고
아이에게 줄 수 있는 사랑과 주지 못하는 사랑의 기준을 세우세요.
예를 들어 아이와 서너 시간 같이 있었다면 30분 정도는 나를 위해
쓴다는 식으로 구체적인 규칙을 만들고 지키세요.
그렇게 하면 나의 정서도 아이의 정서도 지킬 수 있습니다.
유아기 때 형성된 아이의 정서가 아이의 평생을 좌지우지합니다.

놀이로 성을 가르치다

연령에 따라 성 개념도 자란다

지상이가 생후 8개월쯤 되었을 때 일이야. 어느 일요일 오후였어. 지상이의 머리를 빗겨주고 빨간색 리본 핀을 머리에 꽂아주었단다. 뽀얀 피부에 봉긋 올라온 뺨이 얼마나 예쁜지 여자아이라고 해도 다들 믿을 것 같았어. 사실 돌 무렵까지 아기들은 외모만 봐서는 남자인지 여자인지 구별하기 어렵단다. 아기들 자신도 그래. 자신이 여자인지 남자인지 모를 뿐만 아니라 어른을 봐도 남자, 여자를 구별하지 못해.

세 돌 정도가 되면 아빠는 고추가 있고 엄마는 가슴이 크다는 식으로 신체적인 특징을 통해 남자와 여자를 구별하기 시작해. 목욕탕이나 성교육 책 등에서 사람의 벗은 모습을 보고 성기나 가슴의 모양으로 남자, 여자를 구별하는 거야. 그러나 아직 남자와 여자의 개념이 확실하지 않아.

서너 살쯤 되었을 때 네가 "나는 커서 엄마랑 결혼할 거야"라고 말하더구나. 엄마가 "엄마는 남자랑 결혼할 건데"라고 했더니 네가 "나는 커서 남자가 될 거야"라고 했어. 여자도 남자처럼 옷을 입고 머리를 짧게 자르면 남자가 될 수 있다고 생각했던 거야. 역할, 외모, 옷 입기에 따라서 성별이 바뀔 수 있다고 믿은 거지. 6살쯤 되어서야 타고난 성별이 바뀔 수 없다는 것을 확실하게 깨닫게 돼. 그전까지는 남자와 여자를 구별하고, 남자와 여자의 특징과 역할을 이해하는 과정을 겪는단다.

엄마의 성 관념이 아이에게 이어진다

세 돌 정도 지나면 남자와 여자의 성별을 구별하는데, 그때부터 본격적으로 성 역할에 관심을 보이기 시작해. 이런 관심은 역할놀이를 통해 적극적으로 표현된단다. 소꿉놀이를 하면서 엄마, 아빠 역할을 하는 것이 전형적인 예야. 아직 외모나 행동에 따라 남자가 여자가 될 수도, 반대로 여자가 남자가 될 수도 있다고 믿기 때문에 성 개념을 확실하게 다지기 전에는 전형적인 성 역할을 고집하는 경우가 많아. 남자아이가 엄마가 주는 옷을 "여자 같다"는 이유로 거부하거나, 여자아이가 남자 옷이라며 다른 옷을 입겠다고 고집을 피우는 것도 이 시기에 특히 강하게 나타나는 행동이란다.

6세 정도 되어 성 개념을 안정적으로 습득하면 그다음에는 성 역할에 얽매이지 않고 자유롭게 놀게 하는 게 좋아. 어린이집에 다닐 때 너와 지상이는 인형놀이를 좋아했어. 그러나 인형을 가지고 노는 모습이 상당히 달랐단다. 지상이는 인형을 가지고 선생님이나 의사놀이를 하는 것을 좋아했지. 너는 인형을 업고 먹이고 재우는 것을 좋아했어. 내가 그렇게 가르친 적은 없어. 어린이집에 다니기 전부터 그렇게 놀았으니 어린이집에서 보고 배운 것도 아닌 것 같아. 남자아이와 여자아이는 노는 방법이 다를 수 있는데 성 역할에 얽매이지 않고 자기가 좋아하는 놀이를 하도록 하는 게 중요하단다. 남자다움 혹은 여자다움 속에 갇혀 있는 아이들은 그렇지 않은 아이들에 비해 적응력이 떨어진단다. 남자다움, 여자다움을 떠나 내가 할 수 있는 것, 내가 좋아하는 것을 자유롭게 하는 아이가 더 잘 적응하고 문제도 더 잘 해결해. 그러니 남자아이라고 해서 인형놀이를 못 하게 하는 것은 아이의 발달에 좋지 않단다.

초등학생 아이들은 남자아이, 여자아이 할 것 없이 모두 경쟁을 즐기고 다양한 활동을 즐겨. 전형적인 성 역할에 대한 관심이 줄어드는 시기지. 그러나 사춘기가 되면 다시 남자아이는 남자, 여자아이는 여자처럼 행동하는 것에 관심이 많아진단다. 여자아이들은 예쁜 옷, 화장 등에 관심을 갖고 자신을 꾸미려고 하고, 남자아이들은 힘겨루기를 하며 남성다움에 몰두해. 청소년기를 마무리하고 청년기에 들어서면 아이들은 다시 성 역할에 대한 관심이 줄어들어. 성숙한 성인으로 자라면서 남자 사람 친구나 여자 사람 친구처럼 성별을 넘어선 어울림이 자연스러워진단다.

성 역할에 대한 고정관념 없이 아이를 키우는 것, 꼭 필요하고 중요한 일이지만 말처럼 쉽지만은 않더구나. 나는 너와 지상이에게 고정된 성 역할을 강요하지 않았다고 생각했지만, 의외로 나 역시 그런 면이 많아 가끔 놀라기도 해. 네 칫솔은 분홍색, 지상이 칫솔은 하늘색이고, 핸드폰에 저장된 이름이 지상이는 멋진 아들, 너는 이쁜이더라. 안 그러려고 부단히 노력했는데도 내가 쓰는 말, 사소한 습관만 봐도 남녀를 구분했다는 것을 알 수 있지. 이런 엄마의 모습이 은연중에 너희들에게 전달되었을 거라고 생각해. 엄마가 네 또래였을 때는 남자가 부엌에 들어가면 큰일이 나는 것처럼 생각했단다. 그런데 요즘 텔레비전 요리 대결 프로그램을 보면 잘 나가는 요리사는 모두 남자더라. 성 역할 파괴는 요리뿐만 아니라 다양한 분야에서 이뤄지고 있어. 고정적인 성 역할을 파괴해야 아이가 더 능력 있는 성인으로 자랄 수 있단다.

아이의 잘못이 아니다

얼마 전 지인이 다급하게 내게 전화를 했어. 지인의 아들은 4살인데 유치원에서 큰 문제가 생겼다고 했어. 아이가 같은 유치원에 다니는 다른 여자아이의 팬티 안에 손을 넣었다는 거야. 여자아이가 집에 가서 부모에게 이 사실을 알렸고 부모가 유치원에 항의를 하면서 유치원이 발칵 뒤집혔대. 지인의 아들은 당장 성추행을 한 아이가 되었고 이 애가 커서 무엇이 될지 모르겠다는 여자아이 부모의 항의에 지인은 반쯤 넋이 나갔지. 지인의 아들도 엄마의 눈치를 보며 잔뜩 주눅이 들어 있다니 뭔지는 몰라도 심각한 일이 벌어졌다는 것을 알아챈 것 같다고 했어. 지인은 상대 부모와 유치원 원장님에게 사죄를 드리고 아이를 다른 유치원으로 옮겨서 마무리를 했다고 했어. 이후 상당히 오랫동안 지인의 아들과 지인은 그 일로 마음고생을 했단다. 미리 성교육을 통해 다른 아이의 팬티, 더 정확히는 수영복으로 가려지는 부분 안에 손을 대서는 안 된다는 것을 알려줬으면 이런 일을 예방할 수 있었을 텐데 그러지 못해 안타까웠어.

이런 상황에서는 아이를 비난하는 말을 해서는 안 돼. 잘 모르고 그런 거니까. 미리 알려주지 못한 어른이 잘못이지 아이가 잘못이겠니? 많은 부모가 걱정을 화로 표현해. 그러나 걱정을 화로 표현하는 부모는 아이를 더욱 불행하게 만들 뿐이야. 아이와 놀면서 어떻게 성교육을 할지 이제부터 말해줄게.

놀이로 하는 성교육

자신에게 만족하지 않는 사람은 절대로 행복할 수 없어. 그것은 외모가 될 수도 있고, 성격이 될 수도 있어. 자신의 성별에 만족하지 못하는 사람은 더더군다나 불행하겠지. 그런 사람이 많지 않기 때문에 다른 사람과 마음 놓고 자신의 고민을 이야기하기도 어려워. 아이들이 행복하려면 자신감이 있어야 되는데, 자신감은 자기 자신에 대한 만족감에서 비롯된단다. 만족감은 부모의 사랑에서 나와. 부모가 아이를 있는 그대로 받아들이고 사랑해주면 아이 역시 자신의 모든 것을 있는 그대로 사랑하고 자신감이 생겨. 성별도 예외가 아니어서 충분히 사랑받은 아이는 자신의 성별에 만족하고 자신감을 가지고 산단다.

성교육은 아이가 태어난 순간부터 시작돼. 아이를 사랑하면 아이는 자신과 자신의 몸을 사랑하고 자랑스럽게 여기게 되지. 아기의 몸을 만지며 놀아주렴. 아기의 손을 잡고 흔들며 노래를 불러줘. 손을 만지작거리며 "손 손 손 여기 있어요", 다리를 주무르며 "다리 다리 다리" 하며 노래를 불러주렴. 아기는 너의 손길과 노래가 좋아 방실방실 웃을 거야. 이렇게 아기의 몸을 만지고 주무르고 흔들며 같이 노는 동안, 아기의 뇌는 자기 몸에 대해 유쾌한 기억을 만들어간단다.

아기가 말을 하면 "우리 아기 예쁜 코 어딨나?" "입 어딨나?" 라고 말하면서 함께 아기와 신체 놀이를 해주렴. 자기 몸에 대한 사랑은 어른들의 애정 어린 신체 놀이와 함께 자라난단다.

아이가 조금 더 크면 남녀의 몸 차이를 알려주고, 남녀의 성별을 구분하게 해주렴. 돌이 지나 아이가 말을 시작하면 가족의 성별 맞히기 놀이를 하면서 성별을 가르쳐줄 수도 있어. "엄마는 여자야 남자야?" "아빠는 여자야 남자야?" 이런 식으로 가족의 성별을 가르쳐주는 거지. 가족의 성별에 익숙해지면 아이를 데리고 산책을 하면서 길 가는 사람의 성별을 맞히는 놀이를 할 수 있어. "저 할머니는 여자야 남자야?" 이런 식으로 말이야. 지나가는 사람에게 실례가 안되는 선에서 성별 맞히기 놀이를 해주렴.

아이가 자신과 다른 사람의 몸을 소중히 여기고 보호하도록 가르쳐주렴. 인형이나 그림을 이용해서 수영복으로 가려지는 부분 안은 절대 남이 못 만지게 해야 한다고 알려줘. 아동 성범죄를 막기 위한 그림책이나 교구가 많으니 그런 것들을 이용해서 낯선 사람과는 말하지 말고 따라가서는 더욱 안 된다는 것,

집에 혼자 있을 때는 가족 외에는 절대 문을 열어주지 말아야 한다는 것, 길에서 만난 사람이 도움을 청해도 그 사람을 따라가서는 안 된다는 것 등을 알려줘. 역할놀이를 통해 위험에 처하면 큰 소리로 싫다, 안 된다고 말하는 법을 알려줘. 놀이를 통해 연습을 시키는 것이 필요해.

현명한 엄마로 거듭나는 육아 TIP

놀이를 통해 아이에게 올바른 성 가치관을 심어주세요.
자신에게 만족하고 자신의 몸을 소중히 여기도록 알려주세요.

성교육 역시 자연스럽게 하는 것이 가장 중요합니다.
아들인데 여자아이들 놀이를 한다고, 딸인데 남자아이들 놀이를 한다고
걱정하고 하지 못하게 막지 마세요.
우리는 한 가지 역할만 하며 살아갈 수 없습니다.
두 역할이 혼재되어 균형 있게 사는 것을 습득해야
훌륭한 어른이 될 수 있습니다.
물론 아이에게 자신의 몸이 소중하다는 것을 알려주는 것은
중요한 일입니다.
아이에게 자연스럽게 남자와 여자의 차이점을 설명해주고
천천히 대화를 이끌어나가세요.
굳이 어떠한 가치관을 심어주려고 강하게 이야기할 필요는 없습니다.
아이는 자라나면서 자신의 성별을 인지하고
자연스럽게 남자와 여자가 어떻게 다른지 알아갑니다.

부록

Q&A

소아정신과 의사에게 가장 많이 묻는 베스트 질문

이것만은 꼭!

Q & A

말 늦은 우리 아이, 어떻게 놀아줘야 하나요?

두 돌이 지난 윤성이는 말이 더딘 편입니다. 돌 전에는 옹알이도 제법 하고, 엄마 아빠 소리도 잘했는데, 지금은 원하는 것이 있으면 손가락질을 할 뿐입니다. 좋다 싫다는 의사 표시도 고갯짓으로 합니다. "윤성아, 말을 해야지"라고 재촉하면 맘마, 쉬, 저거 등 짧은 단어를 겨우 내뱉을 뿐입니다. 뭐든 앞서서 해준 엄마 탓이라는 아빠의 말에 서운하기도 하지만 은근히 신경 쓰이는 것도 사실입니다. 때론 발달장애가 아닌가 하는 생각에 가슴이 철렁 내려앉기도 합니다. 아이를 데리고 병원에 가서 진단을 받아야 할지, 조금 더 여유를 갖고 지켜봐야 할지 오늘도 윤성이 엄마는 생각이 많습니다.

병원에서 일하다 보면 말이 늦거나, 걷는 게 늦다며 찾아오는 부모들을 자주 봅니다. 부모라면 누구나 내 아이가 다른 아이들보다 성장이 느리면 불안해하고 심각해지게 마련인데요. 그럴 때마다 늘 제가 하는 말이 있어요. 사람의 개성과 능력이 모두 다르듯 아이들도 발달 정도와 성장 속도가 모두 다릅니다. 아이의 발달은 한 가지 영역에서만 이뤄지지 않습니다. 말하는 능력, 공 차는 능력, 참는 능력, 대소변을 가리는 능력 등 셀 수 없이 다양한 영역에서 매일 조금씩 성장합니다. 당연히 어떤 면은 빠른데 어떤 면은 느릴 수 있지요. 사람마다 잘하는 것과 못하는 것이 제각각 다르듯 말입니다.

그런데 다른 경우는 크게 문제될 것이 없지만, 말의 경우는 한 번쯤 생각해봐야 합니다. 말을 통해서만 배울 수 있는 새로운 기술이 있기 때문입니다. 말이 늦는 것 자체가 문제가 아닙니다. 언어를 통해 배울 수 있는 많은 것들이 더뎌진다는 게 문제이지요. 모든 면에서 가파른 성장 곡선을 그리는 유아기 어린이의 경우, 이런 작은 차이들이 모여 큰 문제가 될 수도 있고, 이런 차이가 아이의 사회성이나 자존감에 영향을 줄 수도 있습니다. 이런 이유에서 말이 늦은 아이에게는 언어 치료를 반드시

권장하는 편입니다.

그런데 언어적 문제가 있을 경우, 언어 치료 말고도 손쉽게 시도해볼 수 있는 방법이 있습니다. 바로 엄마가 집에서 아이가 관심 갖는 놀이를 함께해주는 것입니다. 누구나 자신이 관심 있는 것은 빨리 배우게 마련입니다. 아이와 놀아줄 때는 아이가 무엇을 바라보는지 집중해서 파악하세요. 아이의 눈이 어디를 향하는지 알면 아이가 무엇에 흥미가 있는지, 무엇에 관심이 있는지 금세 알아낼 수 있습니다. 그것에 집중해서 언어 자극을 주면 됩니다. 아이가 자동차를 좋아해서 "차"라는 말을 한다면, 엄마는 "차 빵빵"이라고 덧붙여 말하는 식입니다. 단, 주의할 게 있습니다. 아이는 이제 겨우 몇 개 단어를 더듬더듬 말하는데, 엄마는 긴 문장으로 줄줄이 이야기하면 그런 엄마를 보며 아이가 말을 배우기란 당연히 어렵습니다.

아이가 단어 수준의 언어능력을 가지고 있다면 여기에 한두 단어 덧붙이는 수준이면 충분합니다. 아이가 두 단어로 이뤄진 문장을 더듬더듬 말하는 수준이라면, 다양한 두 단어 문장을 말해주세요. 아이가 '차'라는 단어를 말할 줄 안다면 아이와 산책하면서 차가 보일 때마다 빨간 차, 커다란 차, 소방차, 경찰차 등 아이가 쓸 수 있는 단어의 영역을 확장시켜줍니다. 그러다가 "차가 달려가네" "차가 빠르다" "차가 크구나" 등 문장을 말합니다. 적절한 동작을 곁들이고 어조에 변화를 준다면 아이의 흥미를 끌기가 훨씬 쉬울 겁니다. 말을 하면서 아이의 반응을 주의 깊게 살피는 것도 잊지 마세요. 아이가 엄마의 말에 흥미를 보이거나 따라한다면 적절한 언어 자극을 주었다고 생각해도 됩니다.

이렇게 꾸준히 언어 놀이를 하다 보면 엄마는 아이의 반응을 금세 알아차리게 됩니다. 아이의 흥미와 관심에 맞는 언어 자극을 주는 방법도 자연스레 터득하게 되지요. 그 정도 수준이 되면, 굳이 놀이 시간을 갖지 않더라도 일상생활 속에서 적절한 언어 자극을 줄 수 있을 겁니다. 놀이 시간에만 하던 언어 교육이 일상으로 확대되는 것이지요.

이것만은 꼭!

Q & A

쉽게 싫증 내는 아이, 즐겁게 가르칠 수 있을까요?

지웅이는 제 나이 또래 아이들이 그렇듯 활달하고 호기심 많은 남자아이입니다. 그런데 잘 웃고 잘 놀던 아이가 어느 날부터 점점 짜증이 늘기 시작했습니다. 때로는 놀다가 손에 잡히는 물건은 그게 무엇이든 집어 던지는 과격한 행동도 보이곤 합니다. 그러다가 부서지고 망가진 장난감이 몇 개인지 셀 수 없을 정도입니다. 야단도 쳐보고 벌도 줘봤지만 아이는 더욱 거칠어질 뿐입니다. 아이와 함께 보내는 시간이 즐겁고 행복하기는커녕 전쟁처럼 느껴진다는 지웅이 어머니는 매우 당황한 모습으로 병원을 찾아왔습니다.

유능한 전문직 여성인 지웅이 어머니는 성취와 학업을 무엇보다 중요하게 생각합니다. 그래서인지 놀이도 교육의 연장이라고 생각하지요. 지웅이와 놀아주면서도 무엇이든 하나라도 가르쳐야 한다고 생각합니다. 놀아줄 때뿐만 아니라 매사 그런 식이라 아이의 관심사나 기분에 신경 쓰기보다는 지식과 교육 위주로 지웅이를 대했습니다. 안타깝게도 어머니의 이런 생각이 지웅이를 쉽게 싫증 내고 쉽게 짜증 내는 아이로 만들었습니다.

어른처럼 아이들도 스트레스를 느낍니다. 그리고 당연히 스트레스를 해소해야 합니다. 아이들은 스트레스를 어떻게 해소할까요? 아이들은 놀이를 통해 스트레스를 해소합니다. 자신을 괴롭히는 사람을 직접 때리기는 어려우니, 놀이 속에서 악역을 설정하고 이들을 무찌르면서 쌓였던 화와 불안을 마음껏 해소하는 것이지요. 아이에게 놀이는 끓는 주전자의 김을 빼는 과정과 같습니다. 교육만 강조해서 화와 불안을 해소할 수 있는 놀이의 기회를 막다 보니 지웅이가 언제 터질지 모르는 폭탄이 된 것입니다.

아이들은 놀면서 단지 스트레스만 해소하는 게 아닙니다. 아이들은 놀이를 통해 많은 것을 배웁니다. 예를 들어볼까요? 초등학교에 입학할 무렵이 되면 아이는 1만 개 정도의 어휘를 구사합니다. 이 시기 아이들은 사물의 특징과 정의를 정확히 파악하고 단어를 이해하려고 애쓰는데 그것이 놀이의 형태로 나타납니다. 아래 지연이와 수아의 수수께끼 놀이를 봅시다.

지연 **두 발로 걷는 쥐는?**

수아 **미키마우스.**

지연 **두 발로 걷는 오리는?**

수아 **도널드 덕.**

지연 **땡! 오리는 다 두 발로 걸어.**

어른들에게는 유치하고 별 의미 없는 말장난 같지만, 아이들은 이런 언어유희를 통해 언어를 익힙니다. 아이의 뇌는 열심히 언어를 습득하고 있는데 어른들은 이런 모습을 보면 쓸데없는 말장난 그만하고 가서 공부하라고 잔소리합니다. 안타까운 일이지요.

아이에게 무언가 가르치기 원한다면 한 가지만 명심하세요. 즐겁게 배우는 것이 가장 오래 갑니다. 아이들은 놀이를 통해 스스로 배웁니다. 그 즐거움을 배가시키면 배움도 배가됩니다. 내가 잘 놀아주고 있는지, 지나치게 교육에 치중하거나 간섭하는 것은 아닌지 알고 싶다면 아이의 얼굴을 살펴보세요. 아이의 표정이 가장 좋은 잣대입니다. 아무리 훌륭한 가르침이라도 너무 재미없거나 지루하다면 아이에게는 짜증밖에 남지 않습니다. 부모의 욕심 때문에 아이의 놀이를 망쳐서는 안 됩니다. 가르치려고 마음먹는 순간, 놀이는 공부가 됩니다. 아이들은 자발적인 놀이를 통해 가장 많은 것을 배웁니다. 좋아하는 놀이를 마음껏 해주는 것. 그것이 아이들이 더 많이 배우도록 돕는 최선의 방법입니다.

이것만은 꼭!

공주 놀이만 하는 우리 아들, 놀이도 성별을 따라야 하나요?

5살배기 찬우는 호기심이 많은 아이입니다. 길거리의 돌멩이 하나, 화단의 꽃 한 송이마저 그냥 지나치지 못하고 한참을 쳐다보고 만져보곤 합니다. 그런 찬우가 요새 부쩍 관심을 보이는 게 있습니다. 누나의 예쁜 꽃핀과 공주 인형입니다. 인형의 옷을 갈아입히고 동화 속 한 장면을 흉내 내는 건 찬우가 가장 좋아하는 놀이입니다. 아침마다 어린이집에 갈 때는 누나처럼 커다란 꽃핀을 머리에 꽂고 가겠다며 고집을 부립니다. 그런 찬우의 모습을 보면 아빠는 사색이 돼선 "사내자식이 그럼 못 써"라며 야단칩니다. 왜 남자는 머리핀을 하고 공주 인형을 가지고 놀면 안 되냐고 눈물이 그렁그렁해서 묻는 찬우의 얼굴을 보면 엄마는 말문이 막힙니다.

대개의 경우, 아이들의 놀이는 성에 따라 확실히 차이를 보입니다. 남자아이들은 여자아이들에 비해 활동적이고 공격적이며 과격한 경향을 보입니다. 반면 여자아이들은 남자아이들에 비해 언어능력이 빠르게 성장하며 차분한 편이지요. 이런 차이는 놀이에서도 선명하게 드러납니다. 남자아이들은 자동차 놀이나 블록 조립, 승부를 다투는 운동 등을 즐기는 데 비해 여자아이들은 인형놀이 등 역할놀이를 좋아합니다. 이런 차이는 물론 성별에 따른 것이기도 하지만, 문화나 부모의 성격에 영향을 받기도 합니다.

일반적으로 여자아이가 남자아이처럼 놀거나 남자아이가 여자아이처럼 놀 경우, 부모님들은 다소 예민하게 받아들이는 편입니다. 특히 남자아이가 여자아이의 놀이에 몰두하면 질색하는 경향이 있습니다. 인형놀이를 즐기거나 여자아이들이 할 법한 아기자기한 장신구에 흥미를 보이는 남자아이를 보면 커서 성 정체성에 문제가 생길까 봐 걱정하기도 합니다.

물론 아이들의 놀이에 성적 특성이 반영되는 것은 분명히 사실이지만 자라면서 아이의 놀이는 끊임없이 변합니다. 특히 성

정체성이 확립되는 사춘기가 지나면 아이의 많은 성격적 특성이 변하는 것을 볼 수 있습니다. 남자아이가 인형놀이를 한다고, 머리끈이나 장신구에 욕심을 낸다고 미리부터 지나치게 걱정할 필요는 없습니다. 반대로 여자아이가 활동적으로 노는 경우, 대수롭지 않게 받아들입니다. 남자아이에게 지나치게 예민한 잣대를 들이대는 것은 여전히 우리 사회를 지배하고 있는 남성 우월주의의 영향이 아닐까 조심스레 생각해봅니다.

여자다움, 남자다움을 떠올리게 하는 단어들이 있습니다. '상냥한, 얌전한, 조용한, 사려 깊은, 조곤조곤한, 눈물 많은, 양보하는, 돌보는' 등의 단어는 여자다움을 떠올리게 하고 '사나운, 시끄러운, 공격적인, 씩씩한, 자기주장이 강한' 등의 단어는 남자다움을 떠올리게 합니다. 인형놀이를 하자고 조르는 아들을 걱정스러운 눈으로 바라보기 전에 무리하게 이런 식의 잣대를 들이대고 있는 것은 아닌지 먼저 반성해봐야 합니다.

게다가 여자다움이나 남자다움에 지나치게 예민하거나 주어진 성별에 따라 기대되는 모습을 갖추기 위해 애쓰는 아이들은 성별과 무관하게 자신이 원하는 바, 자신다움을 갖추기 위해 노력하는 아이들에 비해 문제 해결 능력이나 적응력이 떨어집니다. 굳이 남자다운 남자아이나 여자다운 여자아이로 키우려고 애쓸 필요 없습니다. 그보다는 남성성과 여성성을 두루 갖춰서 상황에 맞게 대응하는 아이가 건강한 아이입니다. 전형적인 남자아이나 전형적인 여자아이보다는 배려심 많은 남자아이나 씩씩한 여자아이가 사회적으로도 높은 적응력을 보입니다. 그런 면에서 남자아이의 여자 놀이, 여자아이의 남자 놀이는 아이의 가능성을 넓힐 수 있는 좋은 신호입니다.

이것만은 꼭!

Q&A

스마트폰, 줘야 할까 말아야 할까?

얼마 전 저녁식사를 하러 식당에 들렀는데, 옆 테이블에서 2~3살쯤 된 아이가 심하게 보채며 울기 시작했습니다. 잠시 달래려고 애쓰던 어머니는 가방에서 스마트폰을 꺼내 아이의 손에 쥐어주었습니다. 자지러지게 울던 아이가 스마트폰을 손에 쥐자 언제 그랬냐는 듯 울음을 멈추더군요. 말도 더듬더듬하는 어린아이조차 스마트폰에 푹 빠진 모습을 보면 문득 궁금해집니다. 어른들은 그렇다 쳐도 이제 갓 걸음마를 뗀 아이조차 스마트폰에 열광하는 이유는 무엇일까요?

사람의 뇌는 즉각적인 보상에 확실하게 반응을 합니다. 미성숙한 뇌일수록 더욱 그렇습니다. 이런 뇌의 특성을 보면, 간단한 조작만으로도 새로운 자극을 주는 스마트폰에 어른보다 아이들이 더 빨리 중독되는 것은 당연한 결과입니다.

뇌에 대해 조금 더 알아볼까요. 뇌는 두 가지 방식으로 집중을 조절합니다. 첫 번째는 의지입니다. 공부나 일을 할 때 지루하더라도 진득하니 집중하는 것은 바로 의지에 의한 것입니다. 의지에 의한 집중은 노력해야 얻을 수 있습니다. 끊임없이 노력해야 지루한 일이나 공부에 점점 더 긴 시간 동안 집중할 수 있게 됩니다. 뇌는 쓰고 훈련하기에 따라 개발됩니다. 무언가에 집중하려는 노력을 계속하지 않으면 이런 능력은 점점 도태됩니다.

뇌를 움직이는 두 번째 요소는 흥미입니다. 누구나 재미있는 것에는 쉽게 집중합니다. 스마트폰에 집중하는 것은 바로 흥미에 의한 집중입니다. 흥미에 의한 집중은 노력이 필요없습니다. 자신이 좋아하는 일을 하다 보면 자연스레 집중력을 발휘하게 됩니다. 그런데 재미있는 것에만 집중하다 보면 지루한 일에 진득하니 집중하는 능력은 떨어지게 됩니다.

가끔 먹는 초콜릿이나 아이스크림은 생활에 큰 즐거움을 줍니다. 그런데 아이가 좋아한다고 해서 칭얼댈 때마다 초콜릿을 주는 부모는 없을 겁니다. 스마트폰에 익숙해질수록 아이는 진득함에서 점점 멀어집니다. 어린아이의 경우, 스마트폰은 멀리 할수록 좋습니다.

스마트폰에 중독된 아이에게서 스마트폰을 빼앗으면 처음 일주일 정도는 하루 종일 "심심해. 나 뭐해?"라는 말을 입에 달고 다니며 무엇을 해야 할지 몰라 좌불안석인 모습을 보일 겁니다. 술이나 담배를 즐기는 어른에게서 이런 것들을 빼앗으면 무엇을 할지 몰라 무료해하거나 안절부절못하는 것과 유사합니다. 스마트폰 없이 일주일 정도 지내고 나면 비로소 책을 읽거나 다른 놀이를 하는 등 제대로 된 놀이를 시작합니다. 적어도 3주는 지나야 스마트폰이 없어도 다른 건전한 놀이나 활동으로 하루를 즐겁게 보낼 수 있게 됩니다.

아이의 뇌는 스마트폰에 쉽게 중독됩니다. 되도록 하지 않는 것이 좋지만 어쩔 수 없는 상황이라면 스마트폰으로 무엇을 하는지, 얼마나 하는지 철저히 감독하고 관리해야 합니다.

이것만은 꼭!

Q & A

매일매일 피곤한 아빠, 아이와 꼭 놀아줘야 하나요?

7살 택호가 가장 좋아하는 친구는 아빠입니다. 아빠는 엄마보다 힘도 세고 공도 잘 던지고 권투도 잘하기 때문입니다. 축구를 좋아하는 택호는 요새 감아차기를 연습 중인데 아빠의 멋진 동작을 보곤 더 아빠 바라기가 되어버렸습니다. 이런 아이가 예쁘기는 하지만 아빠는 사실 피곤합니다. 하루 종일 회사에서 고생하다 왔으니 집에선 느긋하게 쉬고 싶은 것이 솔직한 마음입니다. 날이 다르게 힘이 세지는 아이랑 놀아주다 보면 어느새 땀범벅이 됩니다. 지난 일요일에는 태권도 겨루기를 하다가 안

쓰던 근육을 썼는지 허벅지에 시퍼렇게 멍이 들기도 했습니다. 오죽 하면 아이에게 "택호는 잘 때가 제일 예뻐"라고 말할까요? 오늘은 혼자서 놀라고 말할 때마다 서운해하는 아이를 보면 미안하기도 하지만 아빠는 정말 피곤합니다.

아이들은 배가 고프거나 몸이 아프면 엄마를 찾지만 놀 때는 아빠를 선호합니다. 아빠의 놀이와 엄마의 놀이는 분명 차이가 있습니다. 아빠는 몸을 많이 쓰고, 엄마는 말을 많이 합니다. 아빠는 목말을 태워주거나 레슬링 같은 놀이로 몸을 쓰며 아이들과 놀아줍니다. 아빠와 몸으로 부딪치며 놀다 보면 땀을 뻘뻘 흘리면서도 아이는 어느새 아빠와의 놀이에 푹 빠져들고 맙니다. 이처럼 아빠의 놀이는 엄마의 놀이보다 더 흥미진진하고 재미 있습니다.

그러나 대가도 따릅니다. 엄마는 아이가 울먹이거나 속상해하면 굳이 이기려 하지 않고 적당히 봐주기도 하지만, 아빠는 공놀이나 카드 게임 등 경쟁적인 놀이를 하면서 봐주거나 일부러 져주는 경우가 드뭅니다. 끝까지 이기려고 하다가 아이를 울리는 경우도 비일비재합니다.

아빠들의 이런 야박하고 격한 놀이는 아이의 발달에 어떤 영향을 미칠까요? 아이들은 아빠와 놀면서 근력과 운동능력, 사회성을 키웁니다. 게임에서 지면 누구나 화가 납니다. 그러나 졌다고 해서 친구들에게 화를 내거나 봐달라고 생떼를 쓰면 돌아오는 것은 비웃음과 따돌림뿐입니다. 져서 화가 나더라도 참고 끝까지 정정당당히 승부를 내야 좋은 놀이친구로 자리 잡을 수 있습니다. 화와 공격적인 욕구를 조절하는 것은 또래 관계, 나아가 건강한 사회성을 발달시키는 데 필수적인 요건입니다. 아빠의 놀이는 아이들이 스스로 화를 다스리고 참을성을 키우도록 도와줍니다.

아버지를 뜻하는 한자 '父'는 손도끼를 들고 있는 손을 형상화한 글자입니다. 수렵 채집 사회에서 아버지는 먹잇감을 사냥해와 자식에게 주는 존재였습니다. 농경사회가 되면서 아이들은 누구의 몇째 자식이라는 식으로 아버지의 사회적 위치에 따라 자신의 자리도 정해졌습니다. 학교 같은 전문 기관이 잘 갖춰져 있지 않다 보니 사회에서 살아나가는 데 필요한 지식과 사회적 관계를 아버지에게 배워야 했습니다. 이처럼 아버지는 집안의 가장이자 교육자였고, 사회적 안전망을 구축하는 버팀목이었습니다.

산업사회가 되면서 도시로 이주한 사람들은 자식을 교육 전문기관인 학교에 보내기 시작했습니다. 아버지의 중요한 역할 가운데 하나를 학교에서 맡아 하게 된 것이지요. 하지만 현대 사회에서도 여전히 아빠는 먹이를 구해오는 사람이고, 사회적 안전망을 형성하는 막중한 임무를 수행합니다.

아빠와 놀면서 아이들은 공격성을 조절하고 사회성을 발달시킵니다. 사회생활을 하는 것만으로 피곤한 아빠이지만, 아이를 위해 잠깐이라도 시간을 내주는 건 어떨까요? 아빠와의 놀이는 건강한 아이를 만드는 지름길입니다.

이것만은 꼭!

Q & A

혼자서 못 노는 아이, 어떻게 해야 하나요?

3살배기 민재는 '엄마 바라기'입니다. 어디를 가든 엄마를 독차지하려 들지요. 엄마가 조금만 시선을 돌려도 금세 떼를 쓰거나 말썽을 부리기 일쑤입니다. 치마 꼬리에 하루 종일 매달려 있는 아이 때문에 집안일을 하는 것은커녕 화장실도 마음대로 가지 못한다며 난처한 얼굴을 하는 민재 엄마는 지금의 생활이 조금은 힘들다고 말합니다. 좋아하는 놀잇감을 쥐어주면 잠시 흥미를 보이나 싶다가도 어느새 엄마를 찾아 두리번거립니다. 모르는 척하고 하던 일을 계속 하다 보면 금세 숨 넘어갈 듯

한 아이의 울음소리가 들립니다. 늘 놀아달라고 조르는 민재, 혼자 노는 방법을 어떻게 가르쳐야 할까요?

아이는 놀면서 배웁니다. 블록을 처음 보는 아이는 이미 블록을 접해본 또래 친구가 노는 것을 보고 블록 가지고 노는 법을 배웁니다. 색연필을 처음 본 아이는 그림을 그려주는 엄마를 보고는 저도 무언가를 끼적입니다. 이렇듯 아이는 자신과 놀아주는 사람들을 보며 금방 놀이를 배웁니다. 그 과정에서 뇌와 신체가 빠르게 발달합니다. 아이들은 혼자 노는 것보다 누군가와 같이 노는 것을 좋아합니다. 아이에게 딸랑이를 쥐어주면 몇 번 흔들어보다가 이내 집중하는 모습을 보입니다. 이 방향 저 방향으로 흔들어보고 굴려보기도 하며 아이는 놀이에 익숙해지고, 그 과정 자체에서 재미를 느끼기도 합니다.

아이의 좁은 세상에서 엄마는 가장 좋은 친구이자 선생님입니다. 아이의 하루는 대부분 엄마와 함께하는 시간으로 이뤄져 있습니다. 그러다 보니 엄마가 아무런 관심도 주지 않으면 아이는 금세 불안해합니다. 엄마의 관심을 끌기 위해 예쁜 짓을 하는 경우도 있지만 소리를 지르거나 말썽을 부려서라도 엄마의 관심을 끌려는 모습을 보이기도 합니다. 아이가 혼자 놀 때는 관심을 보이지 않다가 같이 놀자고 조를 때만 관심을 보인다면 아이는 엄마의 관심을 받기 위해 자꾸 놀아달라고 조를 수밖에 없습니다. 아이가 혼자서도 잘 놀기를 원한다면 혼자 놀 때 더 많은 관심을 보이고 칭찬을 해주면 됩니다. 혼자서 놀고 있을 때 "혼자서도 잘 노네. 아이 예뻐라" 등 칭찬의 말을 건네보세요. 짧지만 강한 관심은 아이를 안심시키고 더 신나게 놀 수 있게 합니다.

아이들은 혼자서 노는 것보다 엄마와 같이 노는 것을 좋아합니다. 그러나 혼자서 노는 시간도 충분히 즐겁게 보낼 수 있습니다. 혼자 놀 때 확실한 관심과 칭찬으로 혼자 노는 능력을 키워주세요.

이것만은 꼭!

Q & A

혼자서만 노는 아이, 무엇이 문제일까요?

얼마 전 놀이 평가를 받은 민우는 언어와 인지 면에서 모두 1년 정도 발달이 늦은 것으로 나타났습니다. 사회성 발달도 늦은 편이라 또래 친구들을 보면 쫓아가서 쳐다보기도 하고 반가워하기도 하는데 옆에 앉아서 놀지는 않습니다.

잠시 멍하니 바라보다가는 곧 돌아앉아 혼자만의 놀이를 즐깁니다. 혼자 블록을 맞추고 혼자 인형을 돌보고 혼자 그림을 그리는 아이가 안쓰러워 엄마가 “민우야, 엄마랑 같이 놀까?”라고 말하면 조금 노는 시늉을 하다가는 금세 놀이를 그만둡니다.

어린이집 선생님도 "민우는 혼자 노는 것을 좋아하는 편이에요. 수줍음이 많은가 봐요"라고 말합니다. 단지 성격 탓인지, 이대로 두었다가 나중에 아이의 대인관계에 문제가 생기는 건 아닌지 걱정됩니다.

태어난 지 10분밖에 안된 신생아가 아빠의 얼굴을 쳐다봅니다. 아빠가 혀를 내밀자 자기 혀도 내밉니다. 얼마 전 유튜브 동영상에서 본 장면입니다. 자기 혀가 어디 있는지조차 모르는 신생아가 어떻게 아빠의 동작을 따라하는지 신기하기만 했습니다. 이런 일이 가능한 것은 사람은 태어날 때부터 거울신경세포를 타고 나기 때문입니다. 표정은 감정입니다. 표정을 따라하면서 상대방의 감정도 같이 느끼게 됩니다. 공감능력은 노력의 산물이 아니라 사람이라면 누구나 가지고 태어나는 능력입니다. 어른의 돌봄이 없으면 절대 살아남을 수 없는 신생아는 다른 사람의 감정을 읽고 조율하는 잠재력을 태어날 때부터 이미 가지고 있습니다. 자라면서 그 능력이 점차 더 개발되어 다른 사람들과 어울리며 무리 없이 사회생활을 하게 되는 것이지요. 부모가 잘 놀아주면 아이는 사회성이 잘 발달해서 친구를 잘 사귀고 커서 좋은 인간관계를 맺을 수 있습니다. 사회성 있는 아이를 만들려면 엄마가 잘 놀아줘야 합니다. 공감능력은 타고나는 것이지만 엄마가 잘 맞춰주고 돌봐주면 더욱 발달합니다.

그렇다고 혼자서 노는 것이 꼭 부정적인 것만은 아닙니다. 아이의 발달이 정상적이고 성격상 혼자서 노는 것을 좋아할 뿐이라면 걱정할 필요 없습니다. 그러나 발달이 늦어 또래와의 놀이가 어렵거나 사회성이 떨어져서 친구를 못 사귀는 경우, 엄마가 아이와 노는 방법을 몰라서 조율에 실패하는 경우, 엄마가 우울증이나 아이가 자폐 성향이 있는 경우 등 친구와 어울리지 못하는 특별한 원인이 있다면 빨리 원인을 찾아 개입하거나 치료하는 것이 좋습니다.

이것만은 꼭!

Q & A

장난감, 어떻게 골라야 하나요?

모든 엄마가 그렇듯 건우 엄마는 아이에게 해주고 싶은 것이 많습니다. 그래서 재미있다고 소문난, 아이들이 잘 가지고 논다는 장난감은 꼭 사주는 편입니다. 그런데 정작 건우는 시들합니다. 엄마가 사온 동물 인형도, 텔레비전에서 한창 방영 중인 만화의 변신 로봇도, 척척 붙어 신기한 모형이 만들어지는 자석 블록도 몇 번 만지작거리곤 그만입니다. 그런데 며칠 전 아빠가 퇴근길에 사온 뱅글뱅글 도는 원숭이 인형은 손에서 놓지 않습니다. 어린 아기나 좋아할 법한 인형을 보며 웃음을 터뜨리는 아이를 보면 어이없기도 합니다.

마트나 백화점에 가보세요. 정말 다양한 장난감이 있습니다. 모처럼 아이에게 인심을 쓰려다가도 무엇을 골라야 할지 몰라 머뭇거리게 됩니다. 그런데 고민할 필요 없습니다. 내 아이의 발달 수준에 맞는 게 가장 좋은 장난감입니다. 시중에 파는 장난감에는 대부분 몇 세 아동에게 적합한지 표시되어 있습니다. 그것을 참고해서 장난감을 고르는 것도 좋은 방법입니다. 단, 이때 내 아이가 그 수준에 맞는지 다시 한 번 생각해보고 골라야 합니다. 똑같은 두 돌 아이라 해도 조금 늦은 아이는 두드리고 넣고 빼면서 노는 단순한 블록이나 소리 나는 장난감을 더 흥미로워합니다. 발달이 빠른 아이라면 좀 더 복잡한 이야기를 만들 수 있는 인형이 적합합니다.

아이의 발달 수준에 맞는 놀잇감이 무엇인지 모르겠다면 아이에게서 답을 찾으면 됩니다. 아이가 가장 재미있게 노는 것이 아이의 발달 수준에 맞는 놀이입니다. 아이는 자신의 발달 수준에 맞거나 자신의 발달 수준보다 조금 높은 수준의 장난감을 선호합니다. 서너 개의 커다란 나무 블록을 겨우 쌓는 아이에게 수십 개의 작은 조각을 맞춰야 하는 블록을 주면 아이 입으로 들어가 문제를 일으키지 않으면 다행입니다. 아이의 수준을 높여주고 싶다면 조금 더 높은 수준의 것을 제시해보세요. 흥미를 보인다면 아이는 놀이의 수준을 높일 준비가 되어 있는 것입니다. 서너 개의 커다란 나무 블록을 쌓던 아이라면 네다섯 개를 쌓도록 도와주고, 무작정 쌓아 올리기만 하던 아이라면 간단한 모형이라도 블록을 맞추는 것을 시도하는 식으로 아주 조금 어려운 놀이에 도전해보도록 하는 게 좋습니다.

아이가 한 가지 놀이만 계속한다면 새로운 장난감을 접하게 하는 것도 좋습니다. 아이들은 익숙한 것보다는 약간 새로운 것에 흥미를 느낍니다. 한 가지 장난감에 익숙해지면 싫증을 내지요. 이럴 때 새로운 장난감을 보여주면 아이는 새로운 장난감에 금세 흥미를 느끼고 새로운 기술을 배우게 됩니다. 헝겊 인형만 가지고 놀던 아기는 생김새만 다른 헝겊 인형보다는 소리가 나는 장난감에 더 흥미를 보입니다. 아이에게 새로운 장난감을 소개할 때는 그냥 보여주기만 할 게 아니라 함께 놀아주면서 아이가 직접 가지고 놀도록 유도하는 게 좋습니다. 만약 아이가 새로운 장난감에 관심을 보이면 본격적으로 새로운 장난감을 가지고 같이 놀아줍니다. 그러나 몇 번 보여줘도 아이가 관심을 보이지 않고 익숙한 장난감만 고집한다면 아이는 아직 새로운 장난감을 가지고 놀 준비가 되어 있지 않은 것이니 조금 더 기다려보는 게 좋습니다.

이것만은 꼭!

Q&A

아이 하나도 힘든데 애완동물까지?

도경이는 요새 엄마만 보면 고양이를 기르고 싶다고 노래를 부릅니다. 하얀 털이 복슬복슬한 고양이를 기르는 게 소원이랍니다. 고양이만 기르게 해주면 어린이날 선물도 생일 선물도 필요 없답니다. 밥도 자기가 주고 놀아주는 것은 물론 고양이 배변용 모래도 스스로 치우겠다고 애걸복걸합니다. 하지만 애완동물을 들이는 것은 쉽게 결정할 수 있는 일이 아닙니다. 몇 번 놀고 버릴 수 있는 장난감도 아니고 한번 기르면 10년 넘게 책임져야 하는 생명이니까요. 게다가 요새같이 미세먼지 많은 날에는 환기도 시킬 수 없는데 청소기를 돌릴 수도 없고, 생각만 해도 머리가 지끈거립니다. 오늘도 내내 조르다 머리맡에 "내 소원은 고양이"라고 커다랗게 쓴 종이를 올려놓고 자는 아이를 보며 엄마는 쓴웃음이 납니다.

강아지, 고양이, 금붕어는 그래도 낫습니다. 벌레, 도마뱀, 거미, 뱀에 이르기까지 저런 동물을 어떻게 키우나 싶을 만큼 아이들은 다양한 동물에 호기심을 보입니다. 냄새 나고 징그럽고 키우는데 돈까지 많이 드는 애완동물을 보며 내심 내다버리고 싶다고 생각하는 엄마들이 많을 겁니다. 그러나 애완동물은 아이에게 특별한 의미를 갖습니다. 아이들이 성장하는 데 있어 애완동물을 키우는 경험은 소중한 자양분이 됩니다.

아이들의 발달 과정에서 무엇보다 중요한 것은 자신의 노력으로 무언가를 성취하고 그로부터 자신감을 얻는 것입니다. 어른들의 잣대에서 볼 때 의미 있는 성취라면 주로 공부를 생각할 겁니다. 공부만 잘하면 다른 것은 못해도 용서가 됩니다. 반면 아무리 잘하는 것이 있어도 공부를 못하면 다 쓸데없는 짓이 돼버립니다. 100명의 아이가 경쟁하면 분명 1등도 있고 꼴찌도 있게 마련입니다. 공부 꼴찌는 무엇을 해도 쓸데없는 짓을 하는 아이로 취급받습니다. 그러다 보니 안타깝게도 공부를 못하는 아이는 성취감은 물론 자신감도 함께 잃게 됩니다. 보다 멀리 봤을 때, 어렸을 때의 성적보다 더 중요한 것은 무엇이든 할 수 있다는 자신감, 실패를 두려워하지 않는 도전 정신이 아닐까요?

이런 시각에서 애완동물 키우기를 살펴볼까요? 애완동물을 병들게 하거나 죽이지 않고 잘 키우려면 그 방면의 다양한 지식을 갖춰야 합니다. 또한 귀찮아도 포기하지 않고 계속 돌보기 위해선 상당한 자기 절제가 필요합니다. 살아 있는 동물이니 규칙적으로 밥을 주고 산책을 시키는 등 돌봐줘야 하는데, 그 과정에서 아이는 시간의 흐름을 깨닫고 생활 리듬을 익힐 수 있습니다. 아이 혼자서 애완동물을 돌보는 게 어렵다면 아이가 할 수 있는 선에서 정확한 역할을 책임지게 하는 것만으로도 이런 효과를 얻을 수 있습니다.

애완동물을 잘 키우기 위해 관심을 가지고 지식을 쌓아 나가다 보면 그것 자체가 아이에게는 자랑스러운 성취가 됩니다. 애완동물 키우기를 아이에게 꼭 필요한 성취감, 자신감, 참을성, 도전 정신을 키울 수 있는 기회로 활용해보는 것은 어떨까요.

이것만은 꼭!

Q & A

지는 것을 못 참는 아이,
함께하는 즐거움을 알려주고 싶어요

은성이 엄마는 오늘도 어린이집 선생님의 전화를 받았습니다. 아이들끼리 블록 쌓기 놀이를 했는데 5개를 못 넘기고 블록 탑이 쓰러지자 참지 못하고 다른 친구들의 블록을 발로 차서 다 쓰러트렸다고 합니다. 지난번 색깔 빨리 찾아오기 놀이를 했을 때는 앞서 달리는 친구의 뒷덜미를 잡아 넘어질 뻔한 일도 있었습니다. 놀이의 종류는 상관없습니다. 무엇이든 이기고 지는 승부가 갈리는 놀이를 하면 은성이는 눈빛부터 달라집니다. 행여 지기라도 하면 난리가 납니다. 자기가 이길 때까지 다시 하자고 조릅니다. 놀이에 시큰둥해진 아이들이 하지 않겠다고 하면 울고불고 난리가 납니다. 다른 때는 괜찮다가 유독 승부가 걸린 놀이에서는 지나치게 이기는 데 집착하는 은성이를 보면 걱정스럽기만 합니다.

당연한 이야기지만 그 누구도 매번 이길 수는 없습니다. 그리고 지는 것을 좋아하는 사람은 없습니다. 중요한 것은 졌을 때 분한 마음을 어떻게 다스리고 표현하는가입니다. 질 때마다 난리를 치는 아이에게 선뜻 같이 놀자고 손을 내밀 아이는 아마도 없을 겁니다. 친구들에게 따돌림받는 것은 시간 문제이지요. 아이가 놀이를 통해 배우는 것은 이기는 방법만이 아닙니다. 졌을 때 자신을 다스리는 법, 그것도 이기는 것 못지않게 중요합니다. 아이는 놀이를 통해 멋지게 지는 방법을 배웁니다.

감정을 조절하는 능력은 나이를 먹으며 점차 나아집니다. 3살만 돼도 울음을 참기 위해 애를 쓰기 시작합니다. 울먹거리면서도 "나는 울보 아니야" 하며 애써 울음을 참는 아이는 감정 조절의 끈을 키워가는 중입니다. 감정을 조절하는 능력은 나이와 함께 분명 좋아지지만 그 속도는 아이마다 다릅니다. 또래 아이들보다 더 잘 참는 아이가 있는가 하면 조금만 문제가 생겨도 화를 못 참는 아이도 있습니다. 다른 아이들과 비교하지 말고 이전에 아이가 어떻게 행동했는가를 생각하세요. 전에는 질 때마다 울고불고 난리치던 아이가 시무룩한 표정을 짓고 있다면 칭찬해주세요. “전에는 지기만 하면 울었는데 이제는 참으려고 많이 애쓰는구나. 많이 컸네.” 칭찬은 어느 상황에서나 최고의 해결책입니다. 밥 한 술에 키가 크는 게 아니듯 칭찬 한 번에 없던 참을성이 갑자기 생기는 것은 아니지만, 가랑비에 옷 젖듯 꾸준한 관심과 칭찬을 먹으며 아이는 참을성을 조금씩 키워갑니다.

아이는 어른을 보고 배웁니다. 아이가 게임에서 졌다고 울고불고 할 때 참다 못한 엄마가 화를 내며 아이를 야단친다면 아이는 참는 것을 배울 수 없습니다. 놀이에서 진 아이가 울면서 난리를 쳐도 끝까지 화내지 않고 차분하게 대처하는 엄마의 모습은 좋은 롤 모델이 됩니다. 승부욕이 강한 아이는 놀이를 통해 자신을 다스리고 다른 사람을 배려하는 것을 배웁니다. 아이와 함께 놀이를 하면서 공정하게 경쟁하는 태도, 이기든 지든 자신을 다스리고 남을 배려하는 모습을 보여주세요. 아이도 그렇게 자랄 겁니다.

이것만은 꼭!

Q & A

잘 시간만 되면 버티는 아이, 억지로 재워야 할까요?

채린이 엄마는 밤만 되면 고민입니다. 조금만 더 놀겠다는 아이와 이제 잘 시간이라는 엄마의 싸움이 시작되기 때문입니다. 정작 자리에 누우면 거짓말처럼 금방 잠들 거면서 늘 5분만, 10분만 졸라댑니다. 안 졸리다면서 하품을 해대고 눈가가 빨개진 아이를 보면 어이없기도 합니다. 잠자리에 들기 1시간 전쯤 장난감을 모두 치우면 심심해서라도 더 놀겠다고 떼쓰지 않겠거니 했는데 종이와 연필을 꺼내더니 그림을 그리기 시작합니다. 오늘도 한참 씨름해야 잠자리에 들 것 같아 벌써부터 한숨이 나옵니다.

놀이는 아이가 스스로 계획하고 수행하는 능력을 키워줍니다. 놀이 시간을 미리 정하고 정한 시간에 놀이를 마치면서 아이는 자신감을 배웁니다. 자신이 계획한 시간대로 움직이는 과정은 상당한 자기 효능감을 줍니다. '난 시간을 잘 지켜요', '난 좋은 아이예요'라고 생각하며 크는 아이와 '난 매일 엄마한테 혼나요', '난 시간을 잘 못 지켜요'라는 생각을 갖고 크는 아이가 어떻게 같은 자신감을 가질 수 있을까요? 아이가 정해진 시간에 놀이를 마칠 수 있도록 최대한 도와주세요. 이 과정에서 아이는 자신감을 갖게 됩니다. 놀이를 마치기 10분 전부터 "이제 10분 남았다"라고 아이에게 알려주고 정해진 시간이 되면 옆에서 놀이를 마무리하는 과정을 지켜봅니다. 아이가 제시간에 놀이를 멈추면 그 자체로 칭찬해줍니다. "더 놀고 싶은데 약속대로 그만 노는구나. 정말 훌륭하다." 별것 아닌 것 같지만 이런 작은 칭찬에도 아이들은 자신감을 얻습니다.

한창 놀이에 열중한 아이에게 갑자기 그만 놀라고 하면 아이는 짜증을 냅니다. 불규칙한 부모의 일상에 따라 일관성 없이 자라고 하면 아이는 늦은 시간이 되어도 쉽게 잠들지 못합니다. 놀이 시간과 잠자리에 드는 시간을 미리 정하고 아이가 그 시간을 지키도록 도와주세요. 약속을 정할 때는 단호해야 합니다. 한

번 안 된다고 했으면 여지를 주지 말고, 해도 되는 일은 바로 허락해주세요. 오랜 시간 아이를 설득하려 들면 아이는 타협의 여지가 있다고 기대하게 되고 원하는 대로 안되었을 때 더 깊이 좌절합니다. 설득과 협상 과정이 길어지면 부모와 아이 모두 감정적으로 흥분해서 도에 넘는 행동을 할 수 있습니다. 어떤 일을 정할 때는 무엇보다 계획성과 일관성이 중요합니다.

잠은 습관입니다. 늘 비슷한 환경을 조성하고 같은 시간대에 재워주세요. 잠자리에 들기 전에 양치질이나 잠옷 갈아입기 등 한두 가지 간단한 행동을 습관처럼 되풀이하다 보면 뇌는 이것을 잠잘 시간이라는 신호로 받아들이고 조금 더 쉽게 잠을 잘 수 있습니다. 불안하면 잠들기 어렵습니다. 아이를 혼내거나 겁을 주면 아이는 더 잠들기 어려워합니다. 최대한 정서적으로 안정되도록 누워 있는 아이 옆에서 동화를 읽어주거나 자장가를 불러주는 것도 좋습니다.

이것만은 꼭!

Q & A

상상 속의 친구, 그냥 둬도 좋을까요?

지민이 엄마는 지민이가 노는 모습을 보면 걱정스럽습니다. 지민이의 모든 말은 상상 속 친구인 토토에게 건네는 것입니다. 아침 식탁에선 "토토야, 또 당근이 나왔다. 어떡하지?"라며 고개를 갸웃거립니다. 어린이집에 갈 때는 "토토는 인사 잘하는 착한 아이지? 나도 엄마한테 인사해야지"라고 말합니다. 혼자 놀면서도 끊임없이 중얼중얼 상상 속 친구와 대화합니다. 그런 아이에게 뭐라고 해야 할지 엄마는 정말 모르겠습니다. 상상 속의 친구에게만 빠져 현실감이 없어지는 것은 아닌지, 혹시나 실제 친구 관계에 문제가 있어서 그런 것은 아닌지 걱정에 걱정이 꼬리를 물고 이어집니다.

아이들은 상상력이 풍부합니다. 상상 속에서 친구를 만들어 내기도 합니다. 상상 속 친구에게 이름을 붙여주고 실제로 존재하는 친구인 것처럼 같이 놀고 자고 먹고 생활합니다. 옆에 아무도 없는데 마치 실제로 존재하는 것처럼 상상 속 친구와 대화를 나누기도 합니다. 싫어하는 반찬이 나오면 "토토야, 먹기 싫으면 먹지 않아도 돼" 이렇게 말하는 식입니다.

한때는 상상 속 친구를 만드는 것을 비정상적인 현상으로 여기던 때도 있었습니다. 그러나 이와 관련된 많은 연구 결과들은 상상 속 친구가 아동의 발달에 긍정적인 영향을 미친다는 것을 보여줍니다. 상상 속 친구는 아이가 불안하거나 공포를 느낄 때 아이가 스스로 달랠 수 있도록 도와줍니다. 상상 속 친구는 침대 밑에 있을지도 모를 괴물을 쫓아줍니다. 심심할 때 놀아주고, 아이의 비밀을 들어줍니다. 아이가 속상할 때 위로해주기도 합니다. 아이는 상상 속 친구를 배려하면서 다른 사람의 입장에 대해 더 많이 생각할 기회를 갖습니다. 상상 속 친구를 가진 아이들은 다른 사람의 감정을 더 잘 이해하고 사회성이 좋아서 또래와도 잘 어울립니다. 상상 속 친구와 대화를 나누면서 자신의 경험이나 책에서 읽은 내용을 더 정교하게 구성하는 능력을 갖게 됩니다.

상상 속 친구는 아이의 소망이나 갈등을 대변하는 역할을 합니다. 아이가 상상 속 친구가 하지 말라고 했다며 공부, 숙제, 학원 가기 등 하기 싫은 일을 안 하려고 들 수도 있습니다. 상상 속 친구와 나누는 대화를 들어보면 아이의 관심과 갈등에 대한 실마리를 얻을 수도 있습니다. 상상 속 친구를 무시하거나 부정하지 말고 상상 속 친구에게 관심을 갖고 아이가 말하는 그 친구의 이야기를 귀담아 들어주세요. "그 친구가 학원에 가지 말라고 하니? 너도 안 가는 게 좋겠어? 하지만 학원에 안 가면 숙제가 밀릴 텐데 그래도 괜찮을까?" 이런 식으로 상상 속 친구를 인정하면서 현실에 대한 이야기를 함께 나누는 것이 좋습니다.

상상력이 풍부한 어린아이들은 종종 상상 속 친구와 이야기를 나눕니다. 상상 속 친구는 아이들의 불안을 해소해주고 사고력을 향상시키며 다른 사람의 감정과 입장을 이해하도록 돕는 등 사회성과 또래 관계를 좋게 하는 긍정적인 면이 있습니다. 부모는 상상 속 친구를 받아들이고 동시에 아이가 현실감을 가지고 생활에 적응하도록 도우면 됩니다.

이것만은 꼭!

Q&A

우리 아이가 자위를? 너무 당황스러워요

승재 엄마는 당황스럽습니다. 어린이집 선생님이 승재가 자위를 하는 것 같다고 조심스레 이야기했기 때문입니다. 사춘기 아이라면 그러려니 하겠지만 승재는 이제 겨우 4살입니다. 대체 뭘 안다고 자위를 하는 건지. 늘 주머니에 손을 넣고 다니는 아이의 모습을 대수롭지 않게 봤는데 이게 무슨 일인가 싶습니다. 아이에게는 뭐라고 해야 할까요? 남자와 여자가 어떻게 다른지 제대로 알까 싶은 어린 아이에게 자위를 하면 왜 안 되는지 어떻게 설명해야 할까요? 해맑게 웃으며 엄마 품을 파고드는 승재를 보며 무슨 말을 어떻게 꺼내야 할지 막막합니다.

아이들도 자위를 합니다. 자신의 몸에서 즐거움을 찾는 것으로, 이것도 일종의 놀이입니다. 그러나 자위를 하는 아이보다 하지 않는 아이가 더 많습니다. 그 이유는 자위보다 더 재미있는 놀이가 많기 때문입니다. 4살 무렵이면 다른 아이들과 어울려서 한창 상상놀이를 할 때입니다. 또래에 맞는 즐거운 놀이를 찾는데 어려움을 느끼는 아이들은 자위로 즐거움을 찾는 경향이 있습니다. 자위를 많이 하는 아이들은 발달이 늦거나 자폐증 등의 병리로 인해 또래와 어울리는데 어려움을 느끼거나, 부모의 우울증이나 심한 가정 불화 등 여러 가지 이유로 방임되어 다른 사람과 관계 맺는 방법을 잘 배우지 못한 경우가 흔합니다. 어린아이가 다른 사람과 어울리거나 관계를 맺으며 재미있게 노는 것보다 혼자서 자위를 하는 것을 더 좋아한다면 심각하게 살펴봐야 합니다. 아이가 자위에 몰두한다면 아이가 나이에 맞는 다른 놀이를 할 수 있도록 도와줘야 합니다.

아이가 자위하는 것을 보고 당황하는 부모가 많습니다. 이럴 때 부모가 조심해야 할 것은 화를 내며 자위를 못하게 막는 것입니다. 엄마가 자위하는 아이 앞에서 보이는 당혹감, 부끄러움, 분노감은 아이에게 불필요한 죄의식을 심어줘서 정상적인 성 발달에 지장을 줍니다. "고추를 만지면 기분이 좋지? 그런데 그

건 너 혼자 있을 때 하는 거야. 똥 싸는 게 부끄러운 건 아니지만 사람들 보는 데서는 안 하지? 고추 만지는 것도 마찬가지야. 사람들 안 보는 데서 혼자 하는 건 괜찮아." 이렇게 아이에게 설명해줍니다. 그렇다고 자위하는 아이를 무조건 방치하라는 이야기는 아닙니다. 아이가 자위하는 모습을 보면, 무작정 야단치지 말고 아이의 발달 수준에 맞는 놀이를 하며 같이 놀아줘서 아이의 관심을 다른 곳으로 분산시키세요. 나이에 맞는 놀이를 즐기다 보면 자연스레 자위를 하지 않게 됩니다. 정상적으로 발달하는 아이라면 자위가 아닌 다른 놀이가 훨씬 재미있기 때문입니다.

이것만은 꼭!

Q & A

화가 나면 물건을 던지는 아이, 어떻게 대처해야 하나요?

원영이는 화가 나면 손에 잡히는 물건은 무엇이든 던지고 봅니다. 제 고집대로 되지 않아도, 친구와 싸워도, 놀이에서 져도 화가 나면 무조건 손에 잡히는 물건을 던지기부터 합니다. 그래서 깨진 장난감이 한둘이 아닙니다. 그나마 가벼운 플라스틱 장난감은 좀 낫습니다. 종이를 자르던 가위나 깨질 법한 물건을 던질 때면 그러다 누가 다치기라도 할까 봐 가슴이 철렁 내려앉습니다. 그때마다 화를 내기도 하고 벌을 주기도 해봤지만 좀처럼 버릇을 고칠 수 없습니다. 오늘은 밥을 먹다가 누나랑 싸움이 붙어 물컵을 던져 깜짝 놀랐습니다. 플라스틱 컵이라 다행이지 유리컵이었다면 생각만 해도 아찔합니다. 아이는 물론 주위의 누군가가 혹시 다치기라도 할까 봐 늘 조마조마합니다.

아직 말을 잘하지 못하는 두 돌 정도의 아이는 화가 나면 물건을 던지거나 다른 사람을 때리는 반응을 자주 보입니다. 그런데 아이가 화를 낸다며 야단을 치면 아이는 스트레스를 받습니다. 이는 결국 엉뚱한 상황에서 떼를 부리거나 다른 문제 행동으로 나타납니다. 화가 났을 때 가장 좋은 해소법은 말로 화를 표현하는 것입니다. 아이가 화를 내며 물건을 던지면 먼저 마음을 읽어주세요. "우리 아들이 화가 났구나." 그리고 아이의 수준에 맞는 화를 표현할 말을 알려주세요. 만약 "싫어"라는 말을 할 줄 아는 아이라면 "던지지 말고 싫어,라고 말해"라고 말로 표현하도록 가르쳐주세요. 화를 내는 것은 문제가 아닙니다. 말로 표현하지 못하고 행동으로 표현하는 것이 문제이지요. 적절하게 말로 표현하도록 아이 수준에 맞는 표현법을 찾아주세요.

무엇보다 중요한 것은 안전입니다. 행여 다치기라도 하면 큰일이지요. 안전을 위해 아이와 미리 약속을 하는 것은 어떨까요? "놀다가 화가 날 수도 있어. 엄마도 화가 날 때가 있으니까. 화를 내는 게 나쁜 건 아니야. 그렇지만 화가 난다고 물건을 던지거나 사람을 때리면 안 돼. 다칠 수도 있고 물건이 망가질 수도 있으니까." 그리고 건강하게 화를 표현하는 방법을 알려주세요. 가벼운 베개나 쿠션 등 던져도 괜찮은 물건을 정해주고 던질 곳을 정해주는 겁니다. 던질 물건과 던질 장소를 미리 정해두면 이런 것들이 빨간 신호등 역할을 합니다. 뇌의 빨간 신호등이 잘 작동하면 큰 사고로 이어지는 경우가 드뭅니다. 화가 잔뜩 난 상태에서도 미리 던져도 된다고 약속한 물건을 찾아서 던져도 괜찮은 장소에 찾아가야 하니까 뇌가 생각할 시간을 벌 수 있습니다. 화가 날 때 일단 멈추고 한번 생각한 뒤 행동으로 옮기는 연습을 시키세요. 아이가 충동적으로 거친 행동을 하는 것을 막을 수 있을 겁니다.

부모의 말보다는 행동이 아이들에게 훨씬 큰 영향력을 미칩니다. 아이는 부모의 행동을 금세 따라합니다. 아이에게 던지지 말라고 수없이 가르치고 야단치면서 정작 부모가 아이 앞에서 화가 날 때마다 물건을 던진다면 아이의 물건 던지는 버릇을 고치기 어렵습니다. 아이가 물건을 던진다면 혹시 부모가 그런 행동을 하는 것은 아닌지 되돌아보세요. 아무리 화가 나도 아이 앞에서 물건을 던져서는 안 됩니다.

이것만은 꼭!

Q & A

지나치게 산만한 아이, 어떻게 하면 차분해질까요?

세은이의 별명은 '3분'입니다. 무슨 놀이를 하든 3분을 넘기지 못해 붙은 별명이지요. 그러니 퍼즐을 다 맞춰본 적도 블록 모형을 완성해본 적도 없습니다. 장난감을 줘도 만지다가 던지고 다른 것을 꺼내고 뭐든 진득하게 하는 법이 없습니다. 뭐든 놀이를 시작했다가 금방 다른 놀이를 하자고 졸라대는 통에 친구들도 세은이랑 노는 것을 좋아하지 않습니다. 친구들이랑 함께 놀다가도 아이들은 여전히 같은 놀이를 하고 있는데, 세은이만 혼자 떨어져 딴짓을 하는 경우가 대부분입니다. 엄마가 책을 읽어줘도 처음에만 잠깐 호기심을 보일 뿐 금세 딴짓을 합니다. 하다 못해 만화영화 한 편도 제대로 못 봅니다. 내년에 초등학교에 입학하면 수업 시간에 제자리에 앉아 있기나 할지 수업은 제대로 따라갈지 걱정입니다. 이 아이를 어떻게 해야 할까요?

아이들은 환경의 영향을 많이 받습니다. 아이들의 놀이도 누구와 언제 어디서 노는지에 따라 다양한 양상을 보입니다. 노는 모습이 산만하다고 성격도 산만하다고 생각하면 섣부른 판단입니다. 아이가 정말 산만한지 알려면 아이의 다양한 모습을 살펴봐야 합니다. 집에서는 산만하던 아이가 유치원이나 어린이집에서는 차분한 모습을 보인다면 그것은 아이가 산만해서라기보다 집의 환경이 아이를 산만하게 만들었을 가능성이 높습니다. 집에서는 차분한데 나가기만 하면 산만해진다면 유치원이나 어린이집의 다양한 자극이 아이를 활동적으로 만들어서 그렇게 보일 수도 있습니다.

아이들은 어른보다 집중할 수 있는 시간이 짧습니다. 어른과 비교하면 당연히 모든 아이가 산만해 보일 수밖에 없습니다. 아이가 산만한지 여부는 또래와 비교해봐야 합니다. 또래와 비교하려면 다른 아이들과 노는 것을 봐야 합니다. 집과 유치원 혹은 어린이집에서 아이가 어떻게 노는지 관찰하고 선생님의 의견을 들어보세요. 또래와 비교했을 때 분명히 산만하다면 그렇게 된 이유를 찾아봐야겠지요. 먼저 환경이 아이를 산만하게 하는 것은 아닌지 살펴보세요. 아이의 공간에 장난감이 너무 많아서 아이가 과도한 자극을 받는 것은 아닌가요? 이런저런 장난감이 여기저기 널려 있다면 아이는 당연히 산만해질 수밖에 없습니다.

아이의 집중력을 높이려면 장난감을 모두 정해진 장소에 정리해둡니다. 장난감 장을 마련하고 종류별로 정리해서 한 번에 한 가지씩 꺼내서 놀도록 하면 아이의 집중력이 훨씬 좋아질 겁니다. 따로 장난감 장을 마련해놓을 정도의 공간적 여유가 없다면 장난감을 여러 개의 상자에 나누어 넣되 비슷한 종류끼리 같은 상자에 넣어 정리하는 것도 방법입니다. 한 번에 한 상자만 열어서 놀고 다른 상자를 열고 싶으면 앞서 놀던 장난감을 먼저 정리한 뒤 다른 상자를 여는 식으로 유도하면 아이가 과도한 자극으로 인해 산만해지는 것을 막아 집중력을 높일 수 있습니다.

잘 정돈된 환경에서도 산만한 아이라면 다른 원인이 있는지 생각해봐야 합니다. 정서불안이나 ADHD 같은 산만한 증세가 있는 것은 아닌지도 고려해봐야 합니다. 이런 것이 의심되면 소아정신과 의사 같은 전문가를 찾아가 상담을 받아볼 것을 권합니다.